大气污染控制工程实验

郝吉明　段　雷　主编

高等教育出版社

内容简介

本书与普通高等教育"十五"国家级规划教材《大气污染控制工程》（第2版，郝吉明、马广大主编）及《大气污染控制工程例题与习题集》、《大气污染控制工程电子教案》等构成"大气污染控制工程"课程的立体化教材。

根据教育部环境工程类教学指导委员会制定的基本教学要求，本书在遴选了部分具有代表性的、较为成熟的实验项目之外，还设计了相当数量的应用现代分析仪器和先进实验设备的实验项目，其中也包括一些面向新技术开发的、具有一定探索性的实验。

全书选编了大气环境监测、除尘器性能测定和气体污染物净化三大类、共二十七个实验项目。 其中机动车尾气催化净化、烟气脱硫脱硝、颗粒物排放在线监测和 VOCs 的生物法去除等新增实验占到实验总数的一半以上。

本书可作为高等学校环境工程专业的实验教材，也可供从事环境保护的科技人员参考。

图书在版编目（CIP）数据

大气污染控制工程实验 / 郝吉明，段雷主编. —北京：
高等教育出版社，2004.11（2021.11 重印）
ISBN 978 - 7 - 04 - 015591 - 4

Ⅰ.大…　Ⅱ.①郝…②段…　Ⅲ.空气污染控制 - 实验 - 高等学校 - 教材　Ⅳ.X510.6 - 33

中国版本图书馆 CIP 数据核字（2004）第 099268 号

策划编辑　陈　文　责任编辑　陈海柳　封面设计　于文燕
责任绘图　朱　静　版式设计　马静如　责任校对　王　雨
责任印制　赵　振

出版发行	高等教育出版社	咨询电话	400 - 810 - 0598
社　　址	北京市西城区德外大街 4 号	网　　址	http://www.hep.edu.cn
邮政编码	100120		http://www.hep.com.cn
印　　刷	高教社（天津）印务有限公司	网上订购	http://www.landraco.com
开　　本	787 × 960　1/16		http://www.landraco.com.cn
印　　张	12	版　　次	2004 年 11 月第 1 版
字　　数	220 000	印　　次	2021 年 11 月第 9 次印刷
购书热线	010 - 58581118	定　　价	18.00 元

本书如有缺页、倒页、脱页等质量问题，请到所购图书销售部门联系调换。

前　　言

　　《大气污染控制工程实验》是面向 21 世纪课程教材和国家"十五"规划教材《大气污染控制工程》(第 2 版,郝吉明、马广大主编)的配套教材,与《大气污染控制工程例题与习题集》(郝吉明主编)、《大气污染控制工程电子教案》(郝吉明主编)等构成了"大气污染控制工程"课程的立体化教材。

　　开设大气污染控制工程实验的主要目的是通过实验手段培养学生对大气污染控制过程的理解与分析能力,配合理论课程掌握当代大气污染控制技术领域的基本概念和基本原理,学习与大气污染控制工程相关的常用技术、方法、仪器和设备,学习如何用实验方法判断控制过程的性能和规律,引导学生了解实验手段在大气污染控制工艺与设备研究、开发过程中所起的作用,使学生获得一定程度的用实验方法和技术研究大气污染控制新工艺、新技术和新设备的独立工作能力,进一步培养学生正确和良好的实验习惯和严谨的科学作风。

　　基于上述的课程目的,根据教育部环境工程类专业教学指导委员会制定的基本教学要求,在多年教学和科研经验的基础上编写而成该实验教材。在实验内容上,选取了那些在实验方法和技术上有代表性的实验,注意介绍现代大气污染控制工程研究中常用到的一些重要的实验技术,注意吸取我国科学研究中的新成果。为了扩大学生的知识面,使学生对该领域有比较全面的了解,教材中介绍了一些新的仪器、装置和测量方法等,给出了相当数量的应用现代分析仪器和先进实验设备的实验项目,其中包括一些面向新技术开发、具有一定探索性的研究型实验。本教材的内容可以归结为大气污染物监测、除尘器性能测定和气态污染物净化三大类,共二十七个实验项目,其中机动车尾气催化净化、烟气脱硫脱硝、颗粒物排放在线监测和 VOCs 的生物法去除等研究型实验占有较大的比例。由于大气污染控制工程实验课程涉及面广,值得开设的实验种类多,而学生只能选择其中一部分做实验,因此各院校在安排教学实验时,可根据自身条件,选择性地开设部分实验项目。

　　本书由郝吉明教授和段雷副教授担任主编,清华大学的周中平教授等教师和研究生、西安建筑科技大学的张承中、曾汉侯等教授参加了编写工作。该教材的出版得到了高等教育出版社的大力支持,陈文副编审和责任编辑陈海柳对书稿提出了宝贵的修改意见,在此致以衷心的感谢。

由于参加本书编写的人员较多,编者水平有限,书中若有错误和不当之处,恳请各位读者批评指正。

编者
2004 年中秋于清华园

目　录

大气环境中 TSP、SO₂ 和 NOₓ 浓度监测

一、实验意义和目的

大气环境中 TSP、SO₂ 和 NOₓ 是三种常规的污染物,它们对人体健康、植被生态和能见度等都有着非常重要的直接和间接影响。因此,这三种污染物的浓度监测是环境监测中一项重要的工作。

本实验在校园中以及附近的工业区、公路旁进行采样分析。通过本实验,应达到以下目的:

(1) 掌握重量法测定大气环境中 TSP 浓度的方法;

(2) 掌握盐酸副玫瑰苯胺法测定大气环境中 SO₂ 浓度的方法;

(3) 掌握盐酸萘乙二胺分光光度法测定大气环境中 NOₓ 浓度的方法;

(4) 学习环境监测中质量控制和保证的概念。

二、环境空气中 TSP 浓度的测定——重量法

(一) 实验原理

通过具有一定切割特性的采样器,以恒速抽取一定体积的空气,空气中粒径小于 100 μm 的悬浮颗粒物被截留在已恒重的滤膜上。根据采样前、后滤膜质量之差及采样体积,计算总悬浮颗粒物的浓度。滤膜经处理后,可再进行组分分析。

本方法适合于用大流量或中流量总悬浮颗粒物采样器(简称采样器)进行空气中总悬浮颗粒物的测定。方法的检测限为 0.001 mg/m^3。总悬浮颗粒物含量过高或雾天采样使滤膜阻力大于 10 kPa 时,本方法不适用。

(二) 实验仪器和材料

(1) 大流量或中流量采样器:1 台,应按 HYQ1.1—89《总悬浮颗粒物采样

器技术要求(暂行)》的规定。

(2) 大流量孔口流量计:1个,量程 $0.7\sim1.4$ m³/min,流量分辨率 0.01 m³/min,精度优于 $\pm2\%$。

(3) 中流量孔口流量计:1个,量程 $70\sim160$ L/min,流量分辨率 1 L/min,精度优于 $\pm2\%$。

(4) U 形管压差计:1个,最小刻度 0.1 hPa。

(5) X 光看片机:1台,用于检查滤膜有无缺损。

(6) 打号机:1台,用于在滤膜及滤膜袋上打号。

(7) 镊子:1个,用于夹取滤膜。

(8) 超细玻璃纤维滤膜:10片,对 $0.3~\mu m$ 标准粒子的截留效率不低于 99%,在气流速度为 0.45 m/s 时,单张滤膜阻力不大于 3.5 kPa,在同样气流速度下,抽取经高效过滤器净化的空气 5 h,1 cm² 滤膜失重不大于 0.012 mg。

(9) 滤膜袋:10个,用于存放采样后对折的采尘滤膜,袋面印有编号、采样日期、采样地点、采样人等项栏目。

(10) 滤膜保存盒:1个,用于保存、运送滤膜,保证滤膜在采样前处于平展不受折状态。

(11) 恒温恒湿箱:1台,箱内空气温度要求在 $15\sim30$ ℃ 范围内连续可调,控温精度 ±1 ℃;箱内空气相对湿度应控制在 $(50\pm5)\%$,恒温恒湿箱可连续工作。

(12) 总悬浮颗粒物大盘天平:1台,用于大流量采样滤膜称量,称量范围 $\geqslant10$ g,感量 1 mg,标准差 $\leqslant2$ mg。

(13) 分析天平:1台,用于中流量采样滤膜称量,称量范围 $\geqslant10$ g,感量 0.1 mg,标准差 $\leqslant0.2$ mg。

(三) 实验方法和步骤

1. 采样器的流量校准

新购置或维修后的采样器在启用前,须进行流量校准。正常使用的采样器每月也要进行一次流量校准。流量校准步骤如下:

(1) 计算采样器工作点的流量:采样器应工作在规定的采气流量下,该流量称为采样器的工作点。在正式采样前,应调整采样器,使其工作在正确的工作点上,按下述步骤进行:

采样器采样口的抽气速度 v 为 0.3 m/s,大流量采样器的工作点流量 Q_H(m³/min)为:

$$Q_H = 1.05 \qquad\qquad (1-1)$$

中流量采样器的工作点流量 Q_M(m³/min)为:

$$Q_M = 60\,000~v\times A \qquad\qquad (1-2)$$

式中:A——采样器采样口截面积,m^2。

将 Q_H 或 Q_M 计算值换算成标准状态下的流量 Q_{HN}(m^3/min)或 Q_{MN}(L/min):

$$Q_{HN} = (Q_H p T_N)/(T p_N) \tag{1-3}$$

$$Q_{MN} = (Q_M p T_N)/(T p_N) \tag{1-4}$$

$$\lg p = \lg 101.3 - h/18400 \tag{1-5}$$

式中:T——测试现场月平均温度,K;

p_N——标准状态下的压力,101.3 kPa;

T_N——标准状态下的温度,273 K;

p——测试现场平均大气压,kPa;

h——测试现场海拔高度,m。

将式(1-6)中 Q_N 用 Q_{HN} 或 Q_{MN} 代入,求出修正项 Y,再按式(1-7)计算 ΔH(Pa):

$$Y = B Q_N + A \tag{1-6}$$

$$\Delta H = (Y^2 p_N T)/(p T_N) \tag{1-7}$$

式中:斜率 B 和截距 A 由孔口流量计的标定部门给出(参见附录A)。

(2)采样器工作点流量的校准:① 打开采样头的采样盖,按正常采样位置,放一张干净的采样滤膜,将孔口流量计的接口与采样头密封连接,孔口流量计的取压口接好压差计;② 接通电源,开启采样器,待工作正常后,调节采样器流量,使孔口流量计压差值达到式(1-7)计算的 ΔH 值(记录表格见附录B);③ 校准流量时,要确保气路密封连接,流量校准后,如发现滤膜上尘的边缘轮廓不清晰或滤膜安装歪斜等情况,可能造成漏气,应重新进行校准;④ 校准合格的采样器即可用于采样,不得再改动调节器状态。

2. 总悬浮颗粒物含量测试

(1)滤膜准备:① 每张滤膜均需用 X 光看片机进行检查,不得有针孔或任何缺陷。在选中的滤膜光滑表面的两个对角上打印编号。滤膜袋上打印同样编号备用。② 将滤膜放在恒温恒湿箱中平衡 24 h,平衡温度取 15~30℃中任一点,记录下平衡温度与湿度。③ 在上述平衡条件下称量滤膜,大流量采样器滤膜称量精确到 1 mg,中流量采样器滤膜称量精确到 0.1 mg。记录下滤膜质量 m_0(g)。④ 称量好的滤膜平展地放在滤膜保存盒中,采样前不得将滤膜弯曲或折叠。

(2)安放滤膜及采样:① 打开采样头顶盖,取出滤膜夹。用清洁干布擦去采样头内及滤膜夹的灰尘。② 将已编号并称量过的滤膜绒面向上,放在滤膜支持网上,放上滤膜夹,对正,拧紧,使不漏气。安好采样头顶盖,按照采样器使用说明,设置采样时间,即可启动采样。③ 样品采完后,打开采样头,用镊子轻轻取下滤膜,采样面向里,将滤膜对折,放入号码相同的滤膜袋中。取滤膜时,如发现滤膜损坏,或滤膜上尘的边缘轮廓不清晰、滤膜安装歪斜(说明漏气),则本次采样作废,需重新采样(记录表格见附录C)。

(3) 尘膜的平衡及称量:尘膜在恒温恒湿箱中,与干净滤膜平衡条件相同的温度、湿度下,平衡24 h。在上述平衡条件下称量滤膜,大流量采样器滤膜称量精确到1 mg,中流量采样器滤膜称量精确到0.1 mg。记录下滤膜质量 m_1(g)(记录表格见附录D)。滤膜增重,大流量滤膜不小于100 mg,中流量滤膜不小于10 mg。

(4) 计算:

$$总悬浮颗粒物含量(\mu g/m^3) = \frac{K \times (m_1 - m_0)}{Q_N \times t} \qquad (1-8)$$

式中:t——累积采样时间,min;

    Q_N——采样器平均抽气流量,即式(1-3)或式(1-4)Q_{HN}或 Q_{MN}的计算值;

    K——常数,大流量采样器 $K=1 \times 10^6$,中流量采样器 $K=1 \times 10^9$。

(5) 测试方法的再现性:当两台总悬浮颗粒物采样器安放位置相距不大于4 m、不少于2 m时,同时采样测定总悬浮颗粒物含量,相对偏差不大于15%。

附录 A

孔口流量计的校准要求(补充件)

在大流量或中流量孔口流量计的量程范围内,均匀取7点,分别由标准罗兹流量计和钟罩式气体计量器进行标定,最后结果以回归方程(A-1)给出:

$$Y = BQ_N + A \qquad (A-1)$$

修正项:

$$Y = \sqrt{\frac{T_N p \Delta H}{p_N T}} \qquad (A-2)$$

式中:T_N——标准状态温度,273 K;

    T——标定时环境温度,K;

    ΔH——孔口流量计测得压差,Pa;

    B——斜率;

    A——截距;

    p_N——标准状态压力,101.325 kPa;

    p——标定时环境压力,kPa;

Q_N——折算为标准状态时的流量,大流量孔口流量计以 m³/min 为单位,中流量孔口流量计以 L/min 为单位。

附录 B

用孔口流量计校准总悬浮颗粒物采样器记录表(参考件)

采样器编号	采样器工作点流量/ (m³·min⁻¹)*	孔口流量计编号	月平均温度/K	平均大气压/Pa	孔口压差计算值/Pa	校准日期 月 日	校准人签字

注:* m³/min 为大流量采样器流量单位,中流量采样器单位为 L/min。

附录 C

总悬浮颗粒物现场采样记录(参考件)

月 日	采样器编号	滤膜编号	采样起始时间	采样终了时间	累计采样时间	测试人签字

附录 D

总悬浮颗粒物浓度分析记录(参考件)

月 日	滤膜编号	采样标准状态流量/ (m³·min⁻¹)	累积采样时间/ min	累积采样体积/ m³	滤膜质量/g 空膜	尘膜	差值	总悬浮微粒浓度/ (μg·m⁻³)

三、环境空气中 SO_2 浓度的测定
——盐酸副玫瑰苯胺法

空气中的硫化物有二氧化硫、硫化氢、二硫化碳、羰基硫、硫酸、硫酸盐及微量有机硫等。在环境监测中,对二氧化硫的测定最具有代表性,其污染源多来自煤和矿物油的燃烧等。

空气中二氧化硫的测定方法较多,主要有分光光度法、紫外荧光法、气相色谱法、电导法、库仑滴定法等。下面重点介绍盐酸副玫瑰苯胺法。

(一) 实验原理

盐酸副玫瑰苯胺法系国际上普遍采用的标准方法。其灵敏度高,适用于瞬时采样,样品采集后较稳定。缺点是使用四氯汞钾吸收液,毒性较大。

该法有两种操作方法:方法一所用的盐酸副玫瑰苯胺使用液含磷酸量少,最后溶液的 pH 为 1.6 ± 0.1,其灵敏度较高,但试剂空白值高;方法二所用的盐酸副玫瑰苯胺使用液含磷酸量多,最后溶液的 pH 为 1.2 ± 0.1,其灵敏度较低,但试剂空白值低。方法一的溶液呈红紫色,最大吸收峰在 548 nm 处;方法二的溶液呈蓝紫色,最大吸收峰在 575 nm 处。目前我国多采用方法二。

二氧化硫被四氯汞钾溶液吸收形成稳定的络合物,再与甲醛及副玫瑰苯胺作用,生成玫瑰紫色化合物。在波长 548 nm 处(方法一)或 575 nm 处(方法二)测定,根据颜色深浅比色定量。反应式如下:

$$[HgCl_4]^{2-} + SO_2 + H_2O \longrightarrow [HgCl_2SO_3]^{2-} + 2Cl^- + 2H^+$$

二氯亚硫酸汞络离子

$$[HgCl_2SO_3]^{2-} + HCHO + 2H^+ \longrightarrow HgCl_2 + HOCH_2SO_3H$$

羟基甲基磺酸

盐酸副玫瑰苯胺(对品红)

$$\longrightarrow \left[H_2N-\!\!\!\bigcirc\!\!\!-C\!\!\!-\!\!\!\bigcirc\!\!\!-NH_2 \right] Cl^- + H_2O + 3HCl$$

紫红色络合物

最低检出限：

方法一：当采样体积为 30 L 时,最低检出浓度为 $0.025\ \mu g/m^3$。

方法二：当采样体积为 10 L 时,最低检出浓度为 $0.04\ mg/m^3$。

(二) 实验仪器和试剂

1. 仪器

(1) 多孔玻板吸收管：10 个,用于短时间采样,10 mL。

  或多孔板吸收瓶：10 个,用于 24 h 采样,75～125 mL。

(2) 空气采样器：1 台,流量 0～1 L/min。

(3) 分光光度计：1 台。

(4) 具塞比色管：10 mL,10 只。

(5) 容量瓶：25 mL,10 个。

(6) 移液管：若干,各种。

2. 试剂

(1) 四氯汞钾(TCM)吸收液(0.04 mol/L)：称取 10.9 g 的 $HgCl_2$、6.0 g 的 KCl 和 0.070 g 的 Na_2EDTA,溶解于水,稀释至 1 000 mL,在密闭容器中贮存,可稳定 6 个月,如发现有沉淀,不可再用。

(2) 甲醛溶液(2.0 g/L)：每天新配。

(3) 氨基磺酸铵溶液(6.0 g/L)：每天新配。

(4) 盐酸副玫瑰苯胺(PRA,即对品红)贮备液(2 g/L)：称取 0.20 g 经提纯的对品红,溶解于 100 mL 浓度为 1.0 mol/L 的盐酸溶液中。

(5) 对品红使用液(0.016%)：吸取 2 g/L 对品红贮备液 20.00 mL 于 250 mL容量瓶中,加 3 mol/L 磷酸溶液 25 mL,用水稀释至标线,至少放置 24 h方可使用,存于暗处,可稳定 9 个月。

(6) 碘贮备液(0.010 mol/L)。

(7) 碘溶液(0.010 mol/L)。

(8) 淀粉指示剂(3 g/L)。

(9) 碘酸钾标准溶液(3.0 g/L)：用优级纯 KIO_3 于 110 ℃烘干 2 h 后配制。

(10) 盐酸溶液(1.2 mol/L)。

(11) 硫代硫酸钠溶液(0.1 mol/L)：用碘量法标定其准确浓度。

(12) 硫代硫酸钠标准溶液(0.01 mol/L)。

(13) 亚硫酸钠标准溶液:称取 0.20 g 的 Na_2SO_3 及 Na_2EDTA,溶解于 200 mL新煮沸并已冷却的水中,轻轻摇匀,放置 2~3 h 后标定,此溶液相当于每毫升含 320~400 μg 的 SO_2。

(14) 磷酸溶液(3 mol/L)。

(三) 采样与测定

1. 采样

短时间采样:20 min~1 h,采用多孔玻板吸收管,内装 10 mL(方法一)或 5 mL(方法二)四氯汞钾吸收液,流量为 0.5 L/min,采样体积依大气中 SO_2 浓度增减。本法可测 25~1000 $\mu g/m^3$ 范围的 SO_2。如采用方法二,一般避光采样 10~20 L。

长时间采样:24 h,采用 125 mL 多孔玻板吸收瓶,内装 50 mL 四氯汞钾吸收液,采样流量为 0.2~0.3 L/min。

2. 测定

(1) 标准曲线的绘制:配制 0.10%亚硫酸钠水溶液,用碘量法标定其浓度,用四氯汞钾溶液稀释,配成 2.0 $\mu g/mL$ 的 SO_2 标准溶液,用于绘制标准曲线。方法一、方法二的标准曲线浓度范围分别为:以 25 mL 计,为 1~20 μg;以 7.5 mL计为 1.2~5.4 μg。斜率分别为 0.030±0.002 及 0.077±0.005。试剂空白值,方法一不应大于 0.170 吸光度,方法二不应大于 0.050 吸光度。

(2) 样品的测定:分别按下述步骤进行。

方法一 采样后将样品放置 20 min。取 10.00 mL 样品移入 25 mL 容量瓶,加入 1.00 mL 0.6%氨基磺酸铵溶液,放置 10 min。再加 2.00 mL 0.2%甲醛溶液及 5.00 mL 0.016%对品红溶液,用水稀释至标线。于 20℃显色30 min,生成紫红色化合物,用 1 cm 比色皿,在波长 548 nm 处,以水为参比,测定吸光度。

方法二 采样后将样品放置 20 min。取 5 mL 样品移入 10 mL 比色管,加入 0.50 mL 0.6%氨基磺酸铵溶液,放置 10 min 后,再加 0.50 mL 0.2%甲醛溶液及 1.50 mL 0.016%对品红使用液,摇匀。于 20℃显色 20 min,生成蓝紫色化合物,用 1 cm 比色皿,于波长 575 nm 处,以水作参比,测定吸光度。

数据记录格式见附录 E。在测定每批样品时,至少要加入一个已知浓度的 SO_2 控制样,同时测定,以保证计算因子(标准曲线斜率的倒数)的可靠性。

(四) 实验结果计算

气体中 SO_2 浓度由下式计算:

$$\rho = \frac{(A-A_0)B_s}{V_N} \qquad (1-9)$$

式中:ρ——SO_2 浓度,mg/m^3;

A——样品显色液吸光度;

A_0——试剂空白液吸光度;

B_s——计算因子,$\mu g/$吸光度;

V_N——换算成标准状态下的采样体积,L。

（五）实验注意事项

（1）温度对显色有影响,温度越高,空白值越大,温度高时发色快,褪色也快,最好使用恒温水浴控制显色温度。样品测定的温度和绘制标准曲线的温度之差不应超过±2℃。

（2）对品红试剂必须提纯后方可使用,否则其中所含杂质会引起试剂空白值增高,使方法灵敏度降低。0.2%对品红溶液现已有经提纯合格的产品出售,可直接购买使用。

（3）四氯汞钾溶液为剧毒试剂,使用时应小心,如溅到皮肤上,应立即用水冲洗。使用过的废液要集中回收处理,以免污染环境。含四氯汞钾废液的处理方法:在每升废液中加约 10 g 磷酸钠至中性,再加 10 g 锌粒,于黑布罩下搅拌 24 h 后,将上层清液倒入玻璃缸内,滴加饱和硫化钠溶液,至不再产生沉淀为止,弃去溶液,将沉淀物转入一适当的容器内贮存汇总处理。此法可除去废水中 99% 的汞。

（4）对本法有干扰的物质还有氮氧化物、臭氧、锰、铁、铬等。采样后放置 20 min 使臭氧自行分解;加入氨基磺酸铵可消除氮氧化物的干扰;加入磷酸和乙二胺四乙酸二钠盐可以消除或减小某些重金属的干扰。

附录 E

SO_2 浓度测定记录表(参考件)

测定次数	采样流量/ $(L \cdot min^{-1})$	采样时间/ min^*	采样体积/ V_N/L	样品 吸光度	空白液 吸光度	SO_2 浓度 $\rho/(mg \cdot m^{-3})$

注:* 中流量采样时间单位为 min,大流量采样时间单位则为 h。

四、大气环境中氮氧化合物的测定
——盐酸萘乙二胺分光光度法

　　空气中含氮氧化物的种类很多,如亚硝酸、硝酸、一氧化二氮、一氧化氮、二氧化氮、三氧化氮、四氧化二氮、五氧化二氮等。其中二氧化氮(NO_2)和一氧化氮(NO)是大气中的主要污染物质。通常所指的氮氧化物即为一氧化氮和二氧化氮的混合物(NO_x)。

　　测定环境中氮氧化物常用的化学分析法为盐酸萘乙二胺分光光度法,其采样与显色同时进行,操作简便,方法灵敏,目前被国内外普遍采用。其自动连续分析常采用化学发光法或原电池库仑法,但后者处于逐步被淘汰趋势。

　　盐酸萘乙二胺分光光度法有两种采样方法:方法一吸收液用量少,适用于短时间采样,测定空气中氮氧化物的短时间浓度;方法二吸收液用量大,适用于 24 h连续采样,测定空气中氮氧化物的日平均浓度。

（一）实验原理

　　二氧化氮被吸收液吸收后,生成亚硝酸和硝酸。其中亚硝酸与对氨基苯磺酸起重氮化反应,再与盐酸萘乙二胺偶合,呈玫瑰红色,根据颜色深浅,于波长 540 nm 处用分光光度法测定。反应方程式如下:

$$2NO_2 + H_2O \longrightarrow HNO_2 + HNO_3$$

$$HO_3S\!-\!\!\langle\ \rangle\!\!-\!NH_2 + HNO_2 + CH_3COOH$$

$$\longrightarrow [\ HO_3S\!-\!\!\langle\ \rangle\!\!-\!N^+\!\!\equiv\!\!N\ ]CH_3COO^- + 2H_2O$$

$$[\ HO_3S\!-\!\!\langle\ \rangle\!\!-\!N^+\!\!\equiv\!\!N\ ]CH_3COO^- + \overset{H}{N}\!-\!CH_2\!-\!CH_2\!-\!NH_2 \cdot 2HCl$$

$$\longrightarrow HO_3S\!-\!\!\langle\ \rangle\!\!-\!N\!\!=\!\!N\!-\!\overset{H}{N}\!-\!CH_2\!-\!CH_2\!-\!NH_2 \cdot 2HCl + CH_3COOH$$

(玫瑰红色)

　　空气中的氮氧化物包括一氧化氮及二氧化氮等。在测定氮氧化物时,应先用三氧化铬将一氧化氮氧化成二氧化氮,然后测定二氧化氮的浓度。

　　短时间采样(方法一)检出限为 0.01 $\mu g/mL$(按与吸光度 0.01 相对应的亚硝酸根含量计),当采样体积为 6 L 时,氮氧化物(以二氧化氮计)的最低检出浓度为 0.01 mg/m³。24 h 采样(方法二)检出限为 0.01 mg/L(按与吸光度 0.01 相对应的亚硝酸根含量计),当用 50 mL 吸收液,24 h 采气样 288 L 时,氮氧化物(以二氧化氮计)的最低检出浓度为 0.002 mg/m³。

（二）实验仪器和试剂

1. 仪器

（1）多孔玻板吸收管:10 只,用于短时间采样,10 mL。

（2）多孔玻板吸收瓶:10 个,用于 24 h 采样,75 mL。

（3）双球玻璃管:10 只,见图 1-1。

（4）恒温自动连续空气采样器:1 台,流量范围 0~1 L/min。

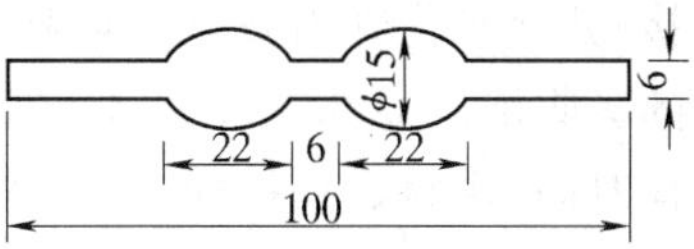

图 1-1 双球玻璃管(单位:mm)

（5）分光光度计:1 台。

（6）具塞比色管:10 只,用于短时间采样,10 mL。

（7）具塞比色管:10 只,用于 24 h 采样,25 mL。

（8）容量瓶:10 只,用于 24 h 采样,50 mL。

（9）移液管:若干,各种。

2. 试剂

所用试剂均用不含亚硝酸根的重蒸蒸馏水配制,即所配吸收液的吸光度不超过 0.005。

（1）吸收原液:称取 5.0 g 对氨基苯磺酸,通过玻璃小漏斗直接加入 1000 mL 容量瓶中,加入 50 mL 冰乙酸和 900 mL 水的混合溶液,盖塞振摇使其溶解,待对氨基苯磺酸完全溶解后,加入 0.050 g 盐酸萘乙二胺溶解后,用水稀释至标线。此为吸收原液,贮于棕色瓶中,在冰箱中可保存两个月。保存时,可用聚四氟乙烯生胶带密封瓶口,以防止空气与吸收液接触。

（2）采样用吸收液:按 4 份吸收原液和 1 份水的比例混合。

（3）三氧化铬-海砂(或河砂)氧化管:筛取 20~40 目海砂(或河砂),用盐酸溶液(1:2)浸泡一夜,再用水洗至中性,烘干。把三氧化铬及海砂(或河砂)按质量比 1:20 混合,加少量水调匀,放在红外灯下或烘箱里于 105℃烘干,烘干过程中应搅拌几次。制备好的三氧化铬-海砂是松散的,若黏在一起,说明三氧化铬比例太大,可适当增加一些砂子,重新制备。

称取约 8 g 三氧化铬-海砂装入双球玻璃管中,两端用少量脱脂棉塞好,并用乳胶管或用塑料管制的小帽将其密封。使用时氧化管与吸收管之间用一小段乳胶管连接,采集的气体尽可能少和乳胶管接触,以防氮氧化物被吸附。

（4）亚硝酸钠标准贮备液:称取 0.1500 g 粒状亚硝酸钠($NaNO_2$,预先在干燥器内放置 24 h 以上),溶解于水,移入 1000 mL 容量瓶中,用水稀释至标线。

此溶液每毫升含 $100.0\ \mu g$ 亚硝酸根（NO_2^-），贮于棕色瓶保存于冰箱中，可稳定 3 个月。

（5）亚硝酸钠标准溶液：临用前，吸取贮备液 5.00 mL 于 100 mL 容量瓶中，用水稀释至标线。此溶液每毫升含 $5.0\ \mu g$ 亚硝酸根（NO_2^-）。

（三）采样与测定

1. 采样

短时间采样：将一支内装 5.00 mL 吸收液的多孔玻板吸收管进气口与氧化管连接，并使氧化管稍微向下倾斜，以免当湿空气将氧化剂（CrO_3）弄湿时，污染后面的吸收液。以 $0.2\sim0.3$ L/min 流量，避光采样至吸收液呈微红色为止，记下采样时间，密封好采样管，带回实验室，当日测定。采样时，若吸收液不变色，采样量应不少于 6 L。

长时间采样：将一个内装 50 mL 吸收液的多孔玻板吸收瓶进气口与氧化管连接，并使管口略微向下倾斜，以免当湿空气将氧化剂（CrO_3）弄湿时，污染后面的吸收液。用恒温、自动连续空气采样器以 0.2 L/min 流量采样 24 h，采气体积约为 288 L。采样后，将样品携回实验室，如当天不测定，样品溶液保存在冰箱中，于 3 天内测定。

2. 测定

（1）标准曲线的绘制：分别取 7 支 10 mL 或 25 mL 具塞比色管，按表 1-1 和表 1-2 分别配制短时间采样和 24 h 采样的标准系列。

表 1-1　亚硝酸钠标准系列（短时间采样）

管　号	0	1	2	3	4	5	6
亚硝酸钠标准溶液/mL	0	0.10	0.20	0.30	0.40	0.50	0.60
吸收原液/mL	4.00	4.00	4.00	4.00	4.00	4.00	4.00
水/mL	1.00	0.90	0.80	0.70	0.60	0.50	0.40
亚硝酸根含量/μg	0	0.5	1.0	1.5	2.0	2.5	3.0

表 1-2　亚硝酸钠标准系列（24 h 采样）

管　号	0	1	2	3	4	5	6
亚硝酸钠标准溶液/mL	0	0.50	1.00	1.50	2.00	2.50	3.00
吸收原液/mL	20.00	20.00	20.00	20.00	20.00	20.00	20.00
水/mL	5.00	4.50	4.00	3.50	3.00	2.50	2.00
亚硝酸根含量/μg	0	2.5	5.0	7.5	10.0	12.6	15.0

各管摇匀后,避开直射阳光,放置 15 min,在波长 540 nm 处,用 1 cm 比色皿,以水为参比,测定吸光度。以吸光度对亚硝酸根含量(μg),绘制标准曲线或用最小二乘法计算回归方程式:

$$y = bx + a \qquad (1-10)$$

式中:y——标准溶液吸光度(A)与试剂空白液吸光度(A_0)之差;

    x——亚硝酸根含量,μg;

    b——回归方程式的斜率;

    a——回归方程式的截距。

(2)样品的测定:① 对短时间采样,采样后,放置 15 min,将样品溶液移入 1 cm 比色皿中,用绘制标准曲线的方法测定试剂空白液和样品溶液的吸光度。若样品溶液的吸光度超过标准曲线的测定上限,可用吸收液稀释后再测定吸光度,计算结果时应乘以稀释倍数。② 对 24 h 采样,采样后,将样品溶液移入 50 mL 具塞比色管或容量瓶中,用少量吸收液洗涤吸收瓶,使样品溶液定容至 50.0 mL,混匀,放置 15 min。将样品移入 1 cm 比色皿,用绘制标准曲线的方法测定样品溶液的吸光度。若样品溶液的吸光度超过标准曲线的测定上限,可用吸收液稀释后再测定吸光度。

(四) 实验结果计算

$$\rho_{NO_2} = \frac{k \times (A - A_0) \times B_s}{0.76 V_N} \times \frac{V_t}{V_a} \qquad (1-11)$$

或

$$\rho_{NO_2} = \frac{k \times [(A - A_0) - a]}{0.76 V_N \times b} \times \frac{V_t}{V_a} \qquad (1-12)$$

式中:ρ_{NO_2}——空气中 NO_2 的含量,mg/m^3;

    A——样品溶液吸光度;

    A_0——试剂空白液吸光度;

    B_s——校正因子($1/b$);

    0.76——NO_2(气)换为 NO_2^-(液)的系数;

    b——回归方程式的斜率;

    V_t——样品溶液总体积,mL;

    V_a——测定时所取样品溶液体积,mL;

    V_N——标准状态下的采样体积,L。

    k——采样时溶液的体积与绘制标准曲线时溶液体积的比值,短时间采样为 1,24 h 采样时为 2。

(五）实验注意事项

（1）吸收液应避光，并避免长时间暴露于空气中，以防止光照使吸收液显色或吸收空气中的氮氧化物而使试剂空白值偏高。

（2）氧化管适于在相对湿度为30％～70％时使用，当空气中相对湿度大于70％时，应勤换氧化管；小于30％时，则在使用前用经过水面的潮湿空气通过氧化管，平衡1 h。在使用过程中，应注意氧化管是否吸湿引起板结或变绿。若板结，会使采样系统阻力增大，影响流量；若变绿则表示氧化管已失效。各氧化管的阻力差别不大于1.33 kPa（即10 mmHg[①]）。

（3）亚硝酸钠（固体）应妥善保存。可分装成小瓶使用，试剂瓶及小瓶的瓶口要密封，防止空气及湿气侵入。氧化成硝酸钠或呈粉末状的试剂都不适于用直接法配制标准溶液。若无颗粒状亚硝酸钠试剂，可用高锰酸钾容量法标定出亚硝酸钠贮备溶液的准确浓度后，再稀释成每毫升含5.0 μg亚硝酸根的标准溶液。

（4）在20 ℃时，以5 mL样品计，其标准曲线的斜率b为$(0.190\pm0.003)\times10^6$吸光度/g，要求截距的绝对值$|a|\leqslant0.008$，如果斜率达不到要求，应检查亚硝酸钠试剂的质量及标准溶液的配制，重新配制标准溶液；如果截距达不到要求，应检查蒸馏水及试剂质量，重新配制吸收液。性能好的分光光度计的灵敏度高，斜率略高于0.193。

在20 ℃时，以25 mL样品计，其回归方程的斜率b为$(0.038\pm0.002)\times10^6$吸光度/$\mu$g，截距的绝对值$|a|\leqslant0.008$。

当温度低于20 ℃时，标准曲线的斜率会降低。例如，在10 ℃时，以5 mL计，其斜率约为0.175×10^6吸光度/g。

（5）吸收液若受三氧化铬污染，溶液呈黄棕色，该样品应报废。

（6）盐酸萘乙二胺分光光度法测定空气中氮氧化物的标准曲线，线性很好，并通过坐标原点，在低浓度段的曲线下端未见明显弯曲（即无拐点）。因此，当$y=A-A_0$时，零点（0,0）应参加回归计算，即$n=7$。

尽管理论上回归线应通过坐标原点，即截距a等于零，但在实际操作中由于存在误差，一般情况下截距a不等于零，各测点（尤其是高浓度测点）的波动，影响曲线的走向，使其偏离坐标原点。

当$|a|\leqslant0.003$时，a值可作零处理，回归方程式$y=bx+a$可简化为$y=bx$，采用通过原点、与回归线平行的直线来估算测定结果，即取斜率b的倒数为样品测定的校正因子B_s。这样做计算方法简单，可不必建立无截距经验方程式，而测定结果较用回归方程式时略微偏高（当a为正值时）或偏低（当a为负值时），

[①] 1 mmHg=133.3224 Pa

但影响很小,可以忽略。

一般情况下,本方法标准曲线的剩余标准差为 $0.002\sim0.007$,对应的相关系数 r 为 $0.9990\sim0.9999$,在这种情况下,当 $0.003\leqslant|a|\leqslant0.008$,截距 a 也可以按零处理。但应建立无截距经验方程式 $y=b'x$,其中 $b'=\bar{y}/\bar{x}$,相当于通过原点与均值点 $(\bar{x},\bar{y})$ 作一条与回归线相交的直线。从原点 $(0,0)$ 到均值点 $(\bar{x},\bar{y})$ 的这一段直线,适合用于估算低浓度样品的测定结果,取 b' 的倒数为样品测定的校正因子 B'_s,用于样品溶液吸光度低于均值点吸光度 $(\bar{y}+A_0$,约为 $0.27\sim0.28)$ 的情况,计算方法简单,样品溶液吸光度低时不致出现负值结果。当样品溶液吸光度高于均值点吸光度时,仍以采用回归方程式 $y=bx+a$ 估算测定结果为宜,即 $x=[(A-A_0)-a]/b$。

当 $|a|\leqslant0.003$ 时,当然也可以用无截距经验方程式 $y=b'x$ 计算测定结果,在此情况下,与用 $y=bx$ 计算的结果很接近。

(7) 绘制标准曲线时,应以均匀、缓慢的速度向各管中加亚硝酸钠标准使用溶液,否则,将影响曲线的线性。

(8) 空气中二氧化硫浓度为氮氧化物浓度的 10 倍时,对氢氧化物的测定无干扰;30 倍时,使颜色有少许减退。但在城市环境空气中,较少遇到这种情况。臭氧浓度为氮氧化物浓度的 5 倍时,对氮氧化物的测定略有干扰,在采样后 3 h,使试液呈现微红色,对测定影响较大。过氧乙酸硝酸酯(PAN)对氮氧化物的测定产生正干扰,但一般环境空气中 PAN 浓度较低,不会导致显著的误差。

(胡京南)

室内空气污染监测

一、实验意义和目的

室内空气污染对人体健康的影响最为显著,与大气环境相比又有其特殊性。室内空气污染监测是评价居住环境的一项重要工作。

本实验选择刚装修完和装修已久的不同房间,或者在一个刚装修完房间的不同通风条件下,进行采样分析。通过本实验应达到以下目的:

(1) 掌握酚试剂分光光度法和离子色谱法测定空气中甲醛浓度的方法;

(2) 掌握气相色谱法测定空气中苯系物的方法;

(3) 掌握纳氏试剂比色法测定空气中氨的方法;

(4) 初步了解影响室内空气质量的因素。

二、空气中甲醛浓度的测定

甲醛的测定方法有乙酰丙酮分光光度法、变色酸分光光度法、酚试剂分光光度法、离子色谱法等。其中乙酰丙酮分光光度法灵敏度略低,但选择性较好,操作简便,重现性好,误差小;变色酸分光光度法显色稳定,但使用很浓的强酸,使操作不便,且共存的酚干扰测定;酚试剂分光光度法灵敏度高,在室温下即可显色,但选择性较差,该法是目前测定甲醛较好的方法;离子色谱法是新方法,建议试用。近年来随着室内污染监测的开展,相继出现了无动力取样分析方法,该法简单、易行,是一种较理想的室内测定方法。

下面重点介绍酚试剂分光光度法和离子色谱法。

酚试剂分光光度法

（一）实验原理

甲醛与酚试剂反应生成嗪，在高铁离子存在下，嗪与酚试剂的氧化产物反应生成蓝绿色化合物。在波长 630 nm 处，用分光光度法测定，反应方程式如下：

采样体积为 5 mL 时，本法检出限为 0.02 μg/mL，当采样体积为 10 L 时，最低检出浓度为 0.01 mg/m^3。

（二）实验仪器和试剂

1. 仪器

（1）大型气泡吸收管：10 只，10 mL。

（2）空气采样器：1 台，流量范围 0～2 L/min。

（3）具塞比色管：10 只，10 mL。

（4）分光光度计：1 台。

2. 试剂

（1）吸收液：称取 0.10 g 酚试剂（3−甲基−苯并噻唑胺，$C_6H_4SN(CH_3)C:NNH_2\cdot HCl$，简称 MBTH），溶于水中，稀释至 100 mL，即为吸收原液，贮存于棕色瓶中，在冰箱内可以稳定 3 天。采样时取 5.0 mL 原液加入 95 mL 水，即为吸收液。

（2）硫酸铁铵溶液（10 g/L）：称取 1.0 g 硫酸铁铵，用 0.10 mol/L 盐酸溶液溶解，并稀释至 100 mL。

（3）硫代硫酸钠标准溶液（0.1 mol/L）：称取 26 g 硫代硫酸钠（$Na_2S_2O_3 \cdot 5H_2O$）和 0.2 g 无水碳酸钠溶于 1000 mL 水中，加入 10 mL 异戊醇，充分混合，贮于棕色瓶中。

（4）甲醛标准溶液：量取 10 mL 浓度为 36%～38% 的甲醛，用水稀释至 500 mL，用碘量法标定甲醛溶液浓度。使用时，先用水稀释成每毫升含 10.0 μg 甲醛的溶液，然后立即吸取 10.00 mL 此稀释溶液于 100 mL 容量瓶中，加 5.0 mL 吸收原液，再用水稀释至标线。此溶液每毫升含 1.0 μg 甲醛。放置 30 min 后，用此溶液配制标准色列，此标准溶液可稳定 24 h。

标定方法：吸取 5.00 mL 甲醛溶液于 250 mL 碘量瓶中，加入 40.00 mL 0.10 mol/L 碘溶液，立即逐滴加入浓度为 30% 的氢氧化钠溶液，至颜色褪至淡黄色为止。放置 10 min，用 5.0 mL 盐酸溶液（1∶5）酸化（空白滴定时需多加 2 mL）。置暗处放 10 min，加入 100～150 mL 水，用 0.1 mol/L 硫代硫酸钠标准溶液滴定至淡黄色，加 1.0 mL 新配制的 5% 淀粉指示剂，继续滴定至蓝色刚刚褪去。

另取 5 mL 水，同上法进行空白滴定。

按下式计算甲醛溶液浓度：

$$\rho_f = \frac{(V_0 - V) \times c_{Na_2S_2O_3} \times 15.0}{5.00} \qquad (2-1)$$

式中：ρ_f——被标定的甲醛溶液的浓度，g/L；

V_0、V——分别为滴定空白溶液、甲醛溶液所消耗的硫代硫酸钠标准溶液体积，mL；

$c_{Na_2S_2O_3}$——硫代硫酸钠标准溶液浓度，mol/L；

15.0——与 1 L 1 mol/L 的硫代硫酸钠标准溶液等当量的甲醛质量，g。

（三）采样与测定

1. 采样

用内装 5.0 mL 吸收液的气泡吸收管，以 0.5 L/min 流量，采气 10 L。

2. 测定

（1）标准曲线的绘制：取 8 支 10 mL 比色管，按表 2-1 配制标准系列。然后向各管中加入 1% 硫酸铁铵溶液 0.40 mL，摇匀。在室温下（8～35 ℃）显色 20 min。在波长 630 nm 处，用 1 cm 比色皿，以水为参比，测定吸光度。以吸光度对甲醛含量（μg），绘制标准曲线。

（2）样品的测定：采样后，将样品溶液移入比色皿中，用少量吸收液洗涤吸收管、洗涤液并入比色管，使总体积为 5.0 mL。室温下（8～35 ℃）放置 80 min 后，以下操作同标准曲线的绘制。

表 2-1 甲醛标准系列

管 号	0	1	2	3	4	5	6	7
甲醛标准溶液/mL	0	0.10	0.20	0.40	0.60	0.80	1.00	1.50
吸收液/mL	5.00	4.90	4.80	4.60	4.40	4.20	4.00	3.50
甲醛含量/μg	0	0.10	0.20	0.40	0.60	0.80	1.00	1.50

（四）实验结果计算

$$\rho_f = \frac{m}{V_N} \qquad\qquad (2-2)$$

式中：ρ_f——空气中甲醛的含量，mg/m^3；

$\quad\quad m$——样品中甲醛含量，μg；

$\quad\quad V_N$——标准状态下采样体积，L。

（五）实验注意事项

（1）绘制标准曲线时与样品测定时温差不超过 2℃。

（2）标定甲醛时，在摇动下逐滴加入 30％氢氧化钠溶液，至颜色明显减退，再摇片刻，待褪成淡黄色，放置后应褪至无色。若碱加入量过多，则 5 mL 盐酸溶液（1:5）不足以使溶液酸化。

（3）当与二氧化硫共存时，会使结果偏低。可以在采样时，使气样先通过装有硫酸锰滤纸的过滤器，排除干扰。

离子色谱法

（一）实验原理

空气中的甲醛经活性炭富集后，在碱性介质中用过氧化氢氧化成甲酸。用具有电导检测器的离子色谱仪测定甲酸的峰高，以保留时间定性，峰高定量，间接测定甲醛浓度。

方法的检出限为 0.06 μg/mL，当采样体积为 48 L、样品定容 25 mL、进样量为 200 μL 时，最低检出浓度为 0.03 mg/m³。

（二）实验仪器和试剂

1. 仪器

（1）玻璃砂芯漏斗：1 个。

（2）空气采样器：1 台，流量 0～1 L/min。

（3）微孔滤膜：若干，0.45 μm。

（4）超声波清洗器：1 台。

（5）离子色谱仪：1 台，具电导检测器。

(6) 活性炭吸附采样管:10 只,长 10 cm、内径 6 mm 的玻璃管,内装 20~50 目粒状活性炭 0.5 g(活性炭预先在马福炉内经 350℃ 灼烧 3 h,放冷后备用),分 A、B 两段,中间用玻璃棉隔开,见图 2-1。

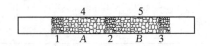

图 2-1 活性炭吸附采样管
1、2、3. 玻璃棉;4、5. 粒状活性炭

2. 试剂

(1) 淋洗液(0.005 mol/L):称取 1.907 g 四硼酸钠(Na$_2$B$_4$O$_7$•10H$_2$O),溶解于少量水,移入 1000 mL 容量瓶中,用水稀释至标线,混匀。

(2) 甲酸标准贮备液:称取 0.5778 g 甲酸钠(HCOONa•2H$_2$O),溶解于少量水,移入 250 mL 容量瓶中,用水稀释至标线,混匀。该溶液每毫升含 1000 μg 甲酸根离子。

分析样品时,用去离子水将甲酸标准贮备液稀释成与样品水平相当的甲酸标准使用溶液。

(三) 采样与测定

1. 采样

打开活性炭采样管两端封口,将一端连接在空气采样器入口处,以 0.2 L/min 的流量,采样 4 h。采样后,用胶帽将采样管两端密封,带回实验室。

2. 测定

(1) 离子色谱条件的选择:按以下各项选择色谱条件。

淋洗液:0.005 mol/L 四硼酸钠溶液

流量:1.5 mL/min

纸速:4 mm/min

柱温:室温±0.5℃(不低于 18℃)

进样量:200 μL

(2) 样品溶液的制备:将采样管内的活性炭全部取出,置于已盛有 1.50 mL 水、0.05 mol/L 氢氧化钠溶液 2.0 mL、0.3% 过氧化氢水溶液 1.50 mL 的小烧杯中,在超声清洗器中提取处理 20 min,放置 2 h。用 0.45 μm 滤膜过滤于 25 mL 容量瓶中,然后分次各用 2.0 mL 水洗涤烧杯及活性炭,洗涤液并入容量瓶中,并用水稀释至标线,混匀,即为待测样品溶液。

(3) 样品的测定:按所用离子色谱仪的操作要求分别测定标准溶液、样品溶液,得出峰高值。以单点外标法或绘制标准曲线法,将甲酸根离子的浓度换算为空气中甲醛的含量。

（四）实验结果计算

$$\rho_f = \frac{H \cdot K \cdot V_t}{V_N \cdot \eta} \times \frac{30.03}{45.02} \qquad (2-3)$$

式中：　　ρ_f——空气中甲醛的含量，mg/m^3；

$\quad\quad\quad$ H——样品溶液中甲酸根离子的峰高，mm；

$\quad\quad\quad$ K——定量校正因子，即标准溶液中甲酸根离子浓度与其峰高的比值，$g/(L \cdot m)$；

$\quad\quad\quad$ V_t——样品溶液总体积，mL；

$\quad\quad\quad$ η——甲醛的解吸效率；

$\quad\quad\quad$ V_N——标准状态下的采样体积，L；

30.03,45.02——分别为甲醛分子和甲酸根离子的摩尔质量，g。

（五）实验注意事项

（1）活性炭采样管性能不稳定，因此每批活性炭采样管应抽 3～5 支，测定甲醛的解吸效率，供计算结果使用。

（2）如乙酸产生干扰，淋洗液四硼酸钠浓度应改用 0.0025 mol/L，甲酸和乙酸的分离度有所提高。

（3）当乙酸的浓度为甲酸的 5 倍，可溶性氯化物为甲酸浓度的 200 倍时，对甲酸测定有影响，改变淋洗液的浓度，可增加甲酸和乙酸的分离度。

三、空气中苯系物的浓度测定

测定环境空气中苯系物的浓度，可采用活性炭吸附取样或低温冷凝取样，然后用气相色谱法测定。常见的测定方法及特点见表 2-2，下面重点介绍 DNP＋Bentane 柱（CS_2 解吸）法。

（一）实验原理

见表 2-2。

（二）实验仪器和试剂

1. 仪器

（1）容量瓶：5 mL、100 mL 各 10 个。

（2）吸管：若干，1～20 mL。

（3）微量注射器：1 支，10 μL。

（4）气相色谱仪：1 台，具火焰离子化检测器。色谱柱为长 2 m、内径 3 mm 的不锈钢柱，柱内填充涂附 2.5％DNP 及 2.5％Bentane 的 Chromosorb W HP

表 2-2　环境空气中苯系物各种气相色谱测定方法及性能比较

测定方法	原　　理	测定范围	特　　点
DNP + Bentane 柱（CS₂ 解吸）法	用活性炭吸附采样管富集空气中苯、甲苯、乙苯、二甲苯后,加二硫化碳解吸,经 DNP + Bentane 色谱柱分离,用火焰离子化检测器测定。以保留时间定性,峰高（或峰面积）外标法定量	当采样体积为 100 L 时,最低检出浓度:苯 0.005 mg/m³,甲苯 0.004 mg/m³,二甲苯及乙苯均为 0.010 mg/m³	可同时分离测定空气中丙酮、苯乙烯、乙酸乙酯、乙酸丁酯、乙酸戊酯,测定面广
PEG - 6000 柱（CS₂ 解吸进样）法	用活性炭管采集空气中苯、甲苯、二甲苯,用二硫化碳解吸进样,经 PEG-6000 柱分离后,用氢焰离子化检测器检测,以保留时间定性,峰高定量	对苯、甲苯、二甲苯的检测限分别为:0.5×10^{-3}、1×10^{-3}、2×10^{-3} μg（进样 1 μL 液体样品）	只能测苯、甲苯、二甲苯、苯乙烯
PEG - 6000 柱（热解吸进样）法	用活性炭管采集空气中苯、甲苯、二甲苯,热解吸后进样,经 PEG-6000 柱分离后,用氢焰离子化检测器检测,以保留时间定性,峰高定量	对苯、甲苯、二甲苯的检测限分别为 0.5×10^{-3}、1×10^{-3}、2×10^{-3} μg（进样1 μL 液体样品）	解吸方便,效率高
邻苯二甲酸二壬酯-有机皂土柱	苯、甲苯、二甲苯气样在 -78℃浓缩富集,经邻苯二甲酸二壬酯及有机皂土色谱柱分离,用氢火焰离子化检测器测定	检出限:苯 0.4 mg/m³、二甲苯 1.0 mg/m³（1 mL 气样）	样品不稳定,需尽快分析

DMCS(80～100 目)。

(5) 空气采样器:流量 0～1 L/min。

(6) 活性炭吸附采样管:10 只,长 10 cm、内径 6 mm 的玻璃管,内装 20～50 目粒状活性炭 0.5 g(活性炭预先在马弗炉内经 350℃灼烧 3 h,放冷后备用),分 A、B 两段,中间用玻璃棉隔开,见图 2-1。

2. 试剂

(1) 苯系物:苯、甲苯、乙苯、邻二甲苯、对二甲苯、间二甲苯均为色谱纯试剂。

(2) 二硫化碳(CS₂):使用前必须纯化,并经色谱检验。进样 5 μL,在苯与甲苯峰之间不出峰方可使用。

(3) 苯系物标准贮备液:分别吸取苯、甲苯、乙苯、二甲苯各 10.0 μL 于装有

90 mL 经纯化的 CS_2 的 100 mL 容量瓶中,用 CS_2 稀释至标线,再取此标液 10.0 mL 于装有 80 mL CS_2 的 100 mL 容量瓶中,并稀释至标线。此贮备液每毫升含苯 8.8 μg,乙苯 8.7 μg,甲苯 8.7 μg,对二甲苯 8.6 μg,间二甲苯 8.7 μg,邻二甲苯 8.8 μg。在 4 ℃ 可保存 1 个月。

(三) 采样与测定

1. 采样

用乳胶管连接采样管 B 端与空气采样器的进气口,并垂直放置,以 0.5 L/min 流量,采样 100～400 min。采样后,用乳胶管将采样管两端套封,10 d 内测定。

2. 测定

(1) 色谱条件的选择:按以下各项选择色谱条件。

柱温:64 ℃

气化室温度:150 ℃

检测室温度:150 ℃

载气(氮气)流量:50 mL/min

燃气(氢气)流量:46 mL/min

助燃气(空气)流量:320 mL/min

(2) 标准曲线的绘制:分别取各苯系物贮备液 0、5.0、10.0、15.0、20.0、25.0 mL 于 100 mL 容量瓶中,用 CS_2 稀释至标线,摇匀。其浓度见表 2-3。

另取 6 支 5 mL 容量瓶,各加入 0.25 g 粒状活性炭及 0～5 号的苯系物标液 2.00 mL,振荡 2 min,放置 20 min 后,在上述色谱条件下,各进样 5.0 μL,按所用气相色谱仪的操作要求测定标样的保留时间及峰高(峰面积),色谱图如图 2-2 所示。绘制峰高(或峰面积)与含量之间关系的标准曲线。

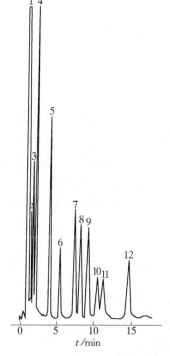

图 2-2 苯系物各组分色谱图

1. 二硫化碳;2. 丙酮;3. 乙酸乙酯;4. 苯;5. 甲苯;6. 乙酸丁酯;7. 乙苯;8. 对二甲苯;9. 间二甲苯;10. 邻二甲苯;11. 乙酸戊酯;12. 苯乙烯

(3) 样品的测定:将采样管 A 段和 B 段活性炭分别移入 2 只 5 mL 容量瓶中,加入纯化过的二硫化碳 CS_2 2.00 mL,振荡 2 min,放置 20 min 后,吸取 5.0 μL 解吸液注入色谱仪,记录保留时间和峰高(或峰面积)。以保留时间定性,峰高(或峰面积)定量。

表 2-3 苯系物各品种不同浓度的配置表

编　号	0	1	2	3	4	5
苯、邻二甲苯标准贮备液体积/mL	0	5.0	10.0	15.0	20.0	25.0
稀释至 100 mL 后的浓度*/(mg·L⁻¹)	0	0.44	0.88	1.32	1.76	2.20
甲苯、乙苯、间二甲苯标准贮备液体积/mL	0	5.0	10.0	15.0	20.0	25.0
稀释至 100 mL 后的浓度/(mg·L⁻¹)	0	0.44	0.87	1.31	1.74	2.18
对二甲苯标准贮备液体积/mL	0	5.0	10.0	15.0	20.0	25.0
稀释至 100 mL 后的浓度/(mg·L⁻¹)	0	0.43	0.86	1.29	1.72	2.15

注：* 严格地说，应称为质量浓度。

（四）实验结果计算

$$\rho = \frac{m_1 + m_2}{V_N} \qquad (2-4)$$

式中：ρ——空气中苯系物各成分的含量，mg/m³；

m_1——A 段活性炭解吸液中苯系物的含量，μg；

m_2——B 段活性炭解吸液中苯系物的含量，μg；

V_N——标准状态下的采样体积，L。

（五）实验注意事项

（1）本法同样适用于空气中丙酮、苯乙烯、乙酸乙酯、乙酸丁酯、乙酸戊酯的测定。在以上色谱条件下，其比保留时间见表 2-4。

表 2-4 各组分的比保留时间

组　分	丙酮	乙酸乙酯	苯	甲苯	乙酸丁酯	乙苯
比保留时间	0.65	0.76	1.00	1.89	2.53	3.50

组　分	对二甲苯	间二甲苯	邻二甲苯	乙酸戊酯	苯乙烯
比保留时间	3.80	4.35	5.01	5.55	6.94

（2）空气中苯系物浓度在 0.1 mg/m³ 左右时，可用 100 mL 注射器采气样，气样在常温下浓缩后，再加热解吸，用气相色谱法测定。

（3）市售活性炭、玻璃棉须经空白检验后，方能使用。检验方法是取用量为一支活性炭吸附采样管的玻璃棉和活性炭（分别约为 0.1 g 和 0.5 g），加纯化过的 CS₂ 2 mL 振荡 2 min，放置 20 min，进样 5 μL，观察待测物位置是否有干扰峰。无干扰峰时方可应用，否则要预先处理。

(4) 市售分析纯 CS_2 常含有少量苯与甲苯,须纯化后才能使用。纯化方法:取 1 mL 甲醛与 100 mL 浓硫酸混合。取 500 mL 分液漏斗一支,加入市售 CS_2 250 mL 和甲醛－浓硫酸萃取液 20 mL,振荡分层。经多次萃取至 CS_2 呈无色后,再用 20％ Na_2CO_3 水溶液洗涤 2 次,重蒸馏,截取 46~47 ℃馏分。

四、空气中氨的浓度测定

环境空气中氨的浓度一般都较低,故常采用比色法。最常用的比色法有纳氏试剂比色法、次氯酸钠－水杨酸比色法和靛酚蓝比色法。其中纳氏试剂比色法操作简便,但选择性略差,且呈色胶体不十分稳定,易受醛类和硫化物的干扰;次氯酸钠－水杨酸比色法较灵敏,选择性好,但操作较复杂;靛酚蓝比色法灵敏度高,呈色较为稳定,干扰少,但操作条件要求严格。下面重点介绍纳氏试剂比色法。

(一) 实验原理

在稀硫酸溶液中,氨与纳氏试剂作用生成黄棕色化合物,根据颜色深浅,用分光光度法测定。反应式如下:

$$2K_2HgI_4 + 3KOH + NH_3 \rightleftharpoons O \begin{array}{c} Hg \\ \diagdown \diagup \\ \diagup \diagdown \\ Hg \end{array} NH_2I + 7KI + 2H_2O$$

黄棕色

本法检出限为 0.6 μg/(10 mL)(按与吸光度 0.01 相对应的氨含量计),当采样体积为 20 L 时,最低检出浓度为 0.03 mg/m³。

(二) 实验仪器和试剂

1. 仪器

(1) 大型气泡吸收管:10 支,10 mL。

(2) 空气采样器:1 台,流量范围 0~1 L/min。

(3) 分光光度计:1 台。

(4) 容量瓶:2 个,250 mL。

(5) 具塞比色管:20 支,10 mL。

(6) 吸管:若干,0.10~1.00 mL。

2. 试剂

(1) 吸收液:硫酸溶液(0.01 mol/L)。

(2) 纳氏试剂:称取 5.0 g 碘化钾,溶于 5.0 mL 水,另取 2.5 g 氯化汞

（$HgCl_2$）溶于 10 mL 热水。将氯化汞溶液缓慢加到碘化钾溶液中,不断搅拌,直到形成的红色沉淀(HgI_2)不溶为止。冷却后,加入氢氧化钾溶液(15.0 g 氢氧化钾溶于 30 mL 水),用水稀释至 100 mL,再加入 0.5 mL 氯化汞溶液,静置 1 d。将上清液贮于棕色细口瓶中,盖紧橡皮塞,存入冰箱,可使用 1 个月。

（3）酒石酸钾钠溶液:称取 50.0 g 酒石酸钾钠($KNaC_4H_4O_6 \cdot 4H_2O$),溶解于水中,加热煮沸以驱除氨,放冷,稀释至 100 mL。

（4）氯化铵标准贮备液:称取 0.7855 g 氯化铵,溶解于水,移入 250 mL 容量瓶中,用水稀释至标线,此溶液每毫升相当于含 1000 μg 氨。

（5）氯化铵标准溶液:临用时,吸取氯化铵标准贮备液 5.00 mL 于 250 mL 容量瓶中,用水稀释至标线,此溶液每毫升相当于含 20.0 μg 氨。

（三）采样与测定

1. 采样

用一个内装 10 mL 吸收液的大型气泡吸收管,以 1 L/min 流量采样。采样体积为 20～30 L。

2. 测定

（1）标准曲线的绘制:取 6 支 10 mL 具塞比色管,按表 2-5 配制标准系列。

表 2-5 氯化铵标准系列

管 号	0	1	2	3	4	5
氯化铵标准溶液/mL	0	0.10	0.20	0.50	0.70	1.00
水/mL	10.00	9.90	9.80	9.50	9.30	9.00
氨含量/μg	0	2.0	4.0	10.0	14.0	20.0

在各管中加入酒石酸钾钠溶液 0.20 mL,摇匀,再加纳氏试剂 0.20 mL,放置 10 min(室温低于 20 ℃时,放置 15～20 min)。用 1 cm 比色皿,于波长 420 nm 处,以水为参比,测定吸光度。以吸光度对氨含量(μg),绘制标准曲线。

（2）样品的测定:采样后,将样品溶液移入 10 mL 具塞比色管中,用少量吸收液洗涤吸收管,洗涤液并入比色管,用吸收液稀释至 10 mL 标线,以下步骤同标准曲线的绘制。

（四）实验结果计算

$$\rho_{NH_3} = \frac{m}{V_N} \qquad (2-5)$$

式中:m——样品溶液中的氨含量,μg;

V_N——标准状态下的采样体积,L;

ρ_{NH_3}——空气中氨的含量,mg/m³。

(五) 实验注意事项

(1) 本法测定的是空气中氨气和颗粒物中铵盐的总量,不能分别测定两者的浓度。

(2) 为降低试剂空白值,所有试剂均用无氨水配制。无氨水配制方法:于普通蒸馏水中,加少量高锰酸钾至浅紫红色,再加少量氢氧化钠至呈碱性,蒸馏,取中间蒸馏部分的水,加少量硫酸呈微酸性,再重新蒸馏一次即可。

(3) 在氯化铵标准贮备液中加1~2滴氯仿,可以抑制微生物的生长。

(4) 若在吸收管上做好10 mL标记,采样后用吸收液补充体积至10 mL,可代替具塞比色管直接在其中显色。

(5) 用72型分光光度计,于波长420 nm处测定时,应采用10 V电压。

(6) 硫化氢、三价铁等金属离子会干扰氨的测定。加入酒石酸钾钠,可以消除三价铁离子的干扰。

(胡京南)

机动车尾气排放检测

一、实验意义和目的

在用车排放污染控制是机动车排放控制中非常重要的一项工作,而怠速排放检测又是汽油车排放检测中最简便和常用的方法。通过检测可以判定汽车发动机燃烧是否达到正常状态,从而降低油耗和排放。

通过本实验,学习使用汽油车尾气分析仪在怠速和高怠速情况下对在用汽油车排气中的一氧化碳(CO)和碳氢化合物(HC)浓度(体积分数)的测量方法。

二、实验原理

机动车在怠速工况下(注:当发动机运转、离合器处于接合位置、油门踏板与手油门处于松开位置、变速器处于空挡位置且当采用化油器的供油系统、其阻风门处于全开位置时,即为怠速工况),发动机汽缸内通常处于不完全燃烧状况,此时尾气中 CO 和 HC 的排放相对较高,但 NO_x 排放则很低。由于怠速工况时机动车没有行驶负载,无需底盘测功机就可进行尾气排放检测,故虽然怠速法不能全部反映实际运行工况下的机动车排放,仍是目前各国普遍采用的在用车排放检测方法之一。

汽油车怠速检测的主要内容是尾气中 CO 和 HC 的体积分数,一般采用汽油车尾气四气(或五气)分析仪。对 CO 和 HC 的体积分数检测均为不分光红外法。其基本原理是根据物质分子吸收红外辐射的物理特性,利用红外线分析测量技术确定物质的浓度。光学平台的示意图如图 3-1 所示。

红外光源辐射的红外光线,经由微处理器操作的电子开关控制发出低频的红外光脉冲,检测和参比脉冲光束通过气室到达检测器。检测器是多元型的,每一个检测单元前均有一个窄带干涉光滤片,红外光电检测器件分别接收到对应

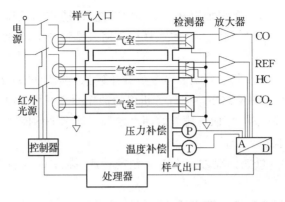

图 3-1 光学平台示意图

波长的光,将光电信号线性放大后,送入 A/D 转换器,转换成数字信号送到微处理器处理。在检测气路上分别有压力传感器和温度传感器进行压力和温度补偿校正,以消除外界环境变化对气体浓度测量误差的影响。

三、实验仪器和设备

1. 汽油车尾气四气(或五气)分析仪

1台。取样软管长度为 5.0 m,取样探头长度不小于 600 mm,并应有插深定位装置;仪器的取样系统不得有泄漏,由标气口静态标定和由取样系统动态标定的结果对 CO 应一致,对 HC 允差 100×10^{-6};仪器应有在大气压为 $86 \sim 106$ kPa范围内保持上述各项性能指针要求的措施。

2. 受检车辆或发动机

不同型号若干台。进气系统应装有空气滤清器,排气系统应装有排气消声器,并不得有泄漏;汽油应符合 GB484 的规定;测量时发动机冷却水和润滑油温度应达到汽车使用说明书所规定的热状态;自 1995 年 7 月 1 日起新生产汽油发动机应具有怠速螺钉限制装置,点火提前角在其可调整范围内都应达到排放标准要求。

3. 其他

必要时在发动机上安装转速计、点火正时仪、冷却水和润滑油测温计等测试仪器。

四、实验方法和步骤

1. 怠速检测

(1) 发动机由怠速工况加速至 0.7 额定转速,维持 60 s 后降至怠速状态。

(2) 发动机降至怠速状态后,将取样探头插入排气管中,深度等于 400 mm,并固定于排气管上。

(3) 发动机在怠速状态,维持 15 s 后开始读数,读取 30 s 内的最高值和最低值,其平均值即为测量结果。尾气分析仪的操作参考使用手册。

(4) 若为多排气管时,取各排气管测量结果的算术平均值。

2. 高怠速检测

(1) 发动机由怠速工况加速至 0.7 额定转速,维持 60 s 后降至高怠速(即 0.5 额定转速)。

(2) 发动机降至高怠速状态后,将取样探头插入排气管中,深度等于 400 mm,并固定于排气管上。

(3) 发动机在高怠速状态维持 15 s 后开始读数,读取 30 s 内的最高值和最低值。取平均值即为高怠速排放测量结果。

(4) 发动机从高怠速状态降至怠速状态,在怠速状态维持 15 s 后开始读数,读取 30 s 内的最高值和最低值,其平均值即为怠速排放测量结果。

(5) 若为多排气管时,分别取各排气管高怠速排放测量结果的平均值和怠速排放测量结果的平均值。

五、实验数据记录与计算

表 3-1 汽油车怠速污染物测量记录表

尾气分析仪型号:＿＿＿＿＿＿＿＿＿＿＿＿＿＿＿＿＿＿＿＿＿＿＿＿＿＿＿

转速仪型号:＿＿＿＿＿＿＿＿＿＿＿＿＿＿点火正时仪型号:＿＿＿＿＿＿＿＿

大气压力:＿＿＿＿＿＿＿＿＿＿＿＿大气温度:＿＿＿＿＿＿＿＿＿＿＿＿

实验地点:＿＿＿＿＿＿＿实验人员:＿＿＿＿＿＿＿实验日期:＿＿＿＿＿＿＿

序号	车(机)型	车(机)号	转速/ $(r \cdot min^{-1})$	点火提前角/ (°)	CO 体积分数/%			HC 体积分数/10^{-6}		
					最高值 V_1	最低值 V_2	平均值 $(V_1+V_2)/2$	最高值 V_1	最低值 V_2	平均值 $(V_1+V_2)/2$

六、实验结果讨论

(1) 根据本实验的结果,各监测车辆(或发动机)是否能够达标?

(2) 双怠速法为何不能反映实际运行工况下的机动车排放?替代的在用车排放检测方法是什么?

(胡京南　傅立新)

实 验 四

烟气流量及含尘浓度的测定

一、实验意义和目的

大气污染的主要来源是工业污染源排出的废气,其中烟道气造成的危害极为严重。因此,烟道气(简称烟气)的测试是大气污染源监测的主要内容之一。测定烟气的流量和含尘浓度对于评价烟气排放的环境影响、检验除尘装置的功效有重要意义。通过本实验应达到以下目的:

(1) 掌握烟气测试的原则和各种测量仪器的使用方法;

(2) 了解烟气状态(温度、压力、含湿量等参数)的测量方法和烟气流速、流量等参数的计算方法;

(3) 掌握烟气含尘浓度的测定方法。

二、实 验 原 理

(一) 采样位置的选择

正确地选择采样位置和确定采样点的数目对采集有代表性的并符合测定要求的样品是非常重要的。采样位置应取气流平稳的管段,原则上避免弯头部分和断面形状急剧变化的部分,与其距离至少是烟道直径的 1.5 倍,同时要求烟道中气流速度在 5 m/s 以上。而采样孔和采样点的位置主要根据烟道的大小及断面的形状而定。下面说明不同形状烟道采样点的布置。

1. 圆形烟道

采样点分布见图 4-1(a)。将烟道的断面划分为适当数目的等面积同心圆环,各采样点均在等面积的中心线上,所分的等面积圆环数由烟道的直径大小而定。

2. 矩形烟道

将烟道断面分为等面积的矩形小块,各块中心即采样点,见图 4-1(b)。不同面积矩形烟道等面积分块数见表 4-1。

表 4-1　矩形烟道的分块和测点数

烟道断面面积/m²	等面积分块数	测点数
<1	2×2	4
1~4	3×3	9
4~9	4×3	12

3. 拱形烟道

分别按圆形烟道和矩形烟道采样点布置原则,见图 4-1(c)。

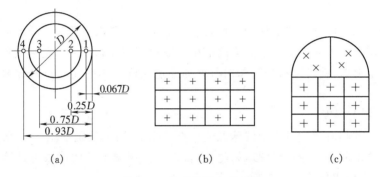

(a)　　　　　　　　(b)　　　　　　　　(c)

图 4-1　烟道采样点分布图

(a) 圆形烟道;(b) 矩形烟道;(c) 拱形烟道

(二) 烟气状态参数的测定

烟气状态参数包括压力、温度、相对湿度和密度。

1. 压力

测量烟气压力的仪器为 S 形毕托管和倾斜压力计。S 形毕托管适用于含尘浓度较大的烟道中。毕托管是由两根不锈钢管组成,测端做成方向相反的两个相互平行的开口,如图 4-2 所示,测定时将毕托管与倾斜压力计用橡皮管连好,一个开口面向气流,测得全压;另一个背向气流,测得静压;两者之差便是动压。由于背向气流的开口上吸力影响,所得静压与实际值有一定误差,因而事先要加以校正。方法是与标准风速管在气流速度为 2~60 m/s 的气流中进行比较,S 形毕托管和标准风速管测得的速度值之比,称为毕托管的校正系数。当流速在 5~30 m/s 的范围内,其校正系数值约为 0.84。倾斜压力计测得动压值按下式计算：

$$p = L \cdot K \cdot d \qquad (4-1)$$

式中：L——斜管压力计读数；

$\quad K$——斜度修正系数，在斜管压力标出 0.2,0.3,0.4,0.6,0.8；

$\quad d$——酒精相对密度，$d=0.81$。

图 4-2 毕托管的构造示意图

1. 开口；2. 接橡皮管

2. 温度

烟气的温度通过热电偶和便携式测温毫伏计的联用来测定。热电偶是利用两根不同金属导线在结点处产生的电位差随温度而变制成的。用毫伏计测出热电偶的电势差，就可以得到工作端所处的环境温度。热电偶的技术数据参见其说明书。

3. 相对湿度

烟气的相对湿度可用干湿球温度计直接测得，测试装置如图 4-3 所示。让烟气以一定的流速通过干湿球温度计，根据干湿球温度计的读数可计算烟气含湿量（水汽体积分数）：

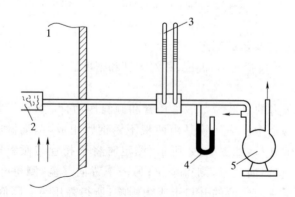

图 4-3 干湿球法采样系统

1. 烟道；2. 滤棉；3. 干湿球温度计；
4. U 形管压力计；5. 抽气泵

$$x_{sw} = \frac{p_{br} - C(t_c - t_b)(p_a - p_b)}{p_a + p_s} \quad\quad (4-2)$$

式中：p_{br}——温度为 t_b 时的饱和水蒸气压力，Pa；

t_b——湿球温度，℃；

t_c——干球温度，℃；

C——系数，$C = 0.00066$；

p_a——大气压力，Pa；

p_s——烟气静压，Pa；

p_b——通过湿球表面的烟气压力，Pa。

4. 密度

干烟气密度由下式计算：

$$\rho_g = \frac{p}{RT} = \frac{p}{287T} \quad\quad (4-3)$$

式中：ρ_g——烟气密度，kg/m；

p——大气压力，Pa；

T——烟气温度，K。

（三）烟气流量的计算

1. 烟气流速的计算

当干烟气组分同空气近似，露点温度在 35～55℃ 之间，烟气绝对压力在 $0.99 \times 10^5 \sim 1.03 \times 10^5$ Pa 时，可用下列公式计算烟气进口流速：

$$v_0 = 2.77K_p \sqrt{T}\sqrt{p} \quad\quad (4-4)$$

式中：v_0——烟气进口流速，m/s；

K_p——毕托管的校正系数，$K_p = 0.84$；

T——烟气底部温度，℃；

$\sqrt{p}$——各动压方根平均值，Pa；

$$\sqrt{p} = \frac{\sqrt{p_1} + \sqrt{p_2} + \cdots + \sqrt{p_n}}{n} \quad\quad (4-5)$$

式中：p_n——任一点的动压值，Pa；

n——动压的测点数。

2. 烟气流量的计算

烟气流量计算公式：

$$Q_s = A \cdot v_0 \qquad\qquad (4-6)$$

式中：Q_s——烟气流量，m^3/s；

　　A——烟道进口截面积，m^2。

（四）烟气含尘浓度的测定

对污染源排放的烟气颗粒浓度的测定，一般采用从烟道中抽取一定量的含尘烟气，由滤筒收集烟气中颗粒后，根据收集尘粒的质量和抽取烟气的体积求出烟气中尘粒浓度。为取得有代表性的样品，必须进行等动力采样，即尘粒进入采样嘴的速度等于该点的气流速度，因而要预测烟气流速再换算成实际控制的采样流量。图 4-4 是等动力采样的情形，图中采样头与气流平行，而且采样速度与烟气流速相同，即采样头内外的流场完全一致，因此随气流运动的颗粒没有受到任何干扰，仍按原来的方向和速度进入采样头。

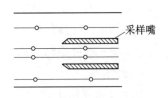

图 4-4　等动力采样

图 4-5 是非等动力采样的情形。其中图 4-5(a)中采样头与气流有一交角 θ，进入采样头的烟气虽保持原来速度，但方向发生了变化，其中的颗粒物由于惯性，将可能不随烟气进入采样头；图 4-5(b)中采样头虽然与烟气流线平行，但抽气速度超过烟气流速，由于惯性作用，采样体积中的颗粒物不会全部进入采样头；图 4-5(c)内气速低于烟气流速，导致样品体积之外的颗粒进入采样头。由此可见，采用等动力采样对于采集有代表性的样品是非常重要的。

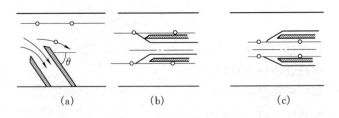

　　(a)　　　　　　　(b)　　　　　　　(c)

图 4-5　非等动力采样

(a) $\theta \neq 0$；(b) $u > u_s$；(c) $u < u_s$

另外，在水平烟道中，由于存在重力沉降作用，较大的尘粒有偏离烟气流线向下运动的趋势，而在垂直烟道中尘粒分布较均匀，因此应优先选择在垂直管段上取样。

图 4-6 为采样装置。根据滤筒在采样前后的质量差以及采集的总气量，可以计算出烟气的含尘浓度。应当注意的是，需要将采样体积换算成环境温度和

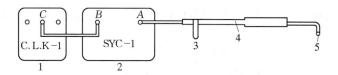

图 4-6　烟尘采样系统示意图

1. 抽气泵;2. 测烟仪;3. 手柄;4. 采样管(内装滤筒);5. 采样嘴

压力下的体积:

$$V_t = V_0 \frac{273 + t_r}{273 + t} \frac{p_a}{p_r} \qquad (4-7)$$

式中:V_t——环境条件下的采样体积,L;

$\quad V_0$——现场采样体积,L;

$\quad t_r$——测烟仪温度表的读数,℃;

$\quad t$——环境温度,℃;

$\quad p_a$——大气压力,Pa;

$\quad p_r$——测烟仪压力表读数,Pa。

由于烟尘取样需要等动力采样,因此需要根据采样点的烟气流速和采样嘴的直径计算采样控制流量。若干烟气组分与干空气近似:

$$Q_r = 0.080 d^2 v_s \left(\frac{p_a + p_s}{T_s} \right) \left(\frac{T_r}{p_a + p_r} \right)^{\frac{1}{2}} (1 - x_{sw}) \qquad (4-8)$$

式中:Q_r——等动力采样时,抽气泵流量计读数,L/min;

$\quad d$——采样嘴直径,mm;

$\quad v_s$——采样点烟气流速,m/s;

$\quad p_a$——大气压力,Pa;

$\quad p_s$——烟气静压,Pa;

$\quad p_r$——测烟仪压力表读数,Pa;

$\quad T_s$——烟气绝对温度,K;

$\quad T_r$——测烟仪温度(温度表读数),K;

$\quad x_{sw}$——烟气中水汽的体积分数。

三、实验仪器和设备

(1) 热电偶:EFZ-0 型,1 支。

（2）测温毫伏计：EFZ-020型，1个。

（3）S形毕托管：1支。

（4）倾斜压力计：YYT-200型，1台。

（5）烟气测试仪（测烟仪）：SVC-1型，1个。

（6）尘粒采样仪（抽气泵）：CLK-1型，1台。

（7）干湿球温度计：DHM-2型，各1支。

（8）盒式压力计：DYM-3型，1个。

（9）U形管压力计：1支。

（10）烟尘采样管：2支。

（11）玻璃纤维滤筒：若干。

（12）镊子：1支。

（13）分析天平：分度值0.001 g，1台。

（14）烘箱：1台。

（15）橡胶管：若干。

四、实验方法和步骤

1. 滤筒的预处理

测试前先将滤筒编号，然后在105 ℃烘箱中烘2 h，取出后置于干燥器内冷却20 min，再用分析天平测得初重并记录。

2. 采样位置的选择

根据烟道的形状和尺寸确定采样点数目和位置。

3. 烟气状态和环境参数的测定

分别利用热电偶、干湿球温度计和倾斜压力计测定烟气的温度、湿度和压力，计算烟气的流速和流量。同时用盒式压力表和温度计测定大气压力和环境温度。

4. 烟尘采样

（1）把预先干燥、恒重、编号的滤筒用镊子小心装在采样管的采样头内，再把选定好的采样嘴装到采样头上。

（2）根据每一个采样点的烟气流速和采样嘴的直径计算相应的采样控制流量。

（3）将采样管连接到烟尘浓度测试仪，调节流量计使其流量为采样点的控制流量，找准采样点位置，将采样管插入采样孔，使采样嘴背对气流预热10 min后转动180°，即采样嘴正对气流方向，同时打开抽气泵的开关进行采样。

（4）逐点采样完毕后，关掉仪器开关，抽出采样管，待温度降下后，小心取出滤筒保存好。

（5）采尘后的滤筒称重。将采集尘样的滤筒放在 105℃烘箱中烘 2 h,取出置于玻璃干燥器内冷却 20 min 后,用分析天平称重。

（6）计算各采样点烟气的含尘浓度。

五、实验数据记录和处理

表 4-2　烟气流量及含尘浓度测定实验记录表

测定日期＿＿＿＿＿＿＿＿测定烟道＿＿＿＿＿＿＿＿＿测定人员＿＿＿＿＿＿＿＿＿

大气压力/kPa	大气温度/℃	烟气温度/℃	烟道全压/Pa	烟道静压/Pa	烟气干球温度/℃	烟气湿球温度/℃	温度计表面压力/Pa	烟气含湿量 x_{sw}	毕托管系数 K_p

烟道断面积＿＿＿＿＿＿＿＿＿ m² 　测点数＿＿＿＿＿＿＿

采样点编号	动压/Pa	烟气流速/(m·s⁻¹)	采样嘴直径/mm	采样流量/(L·min⁻¹)	采样时间/min	采样体积/L	换算体积/L	滤筒号	滤筒初重/g	滤筒总重/g	烟尘浓度/(mg·L⁻¹)
1 2 3 ⋮											

断面平均流速＿＿＿＿＿＿＿ m/s　断面流量＿＿＿＿＿＿＿ m³/s 平均烟尘浓度
＿＿＿＿＿＿＿ mg/L

六、实验结果讨论

（1）测烟气温度、压力和含湿量等参数的目的是什么?

（2）实验前需要完成哪些准备工作?

（3）采集烟尘为何要等动力采样?

（4）当烟道截面较大时,为了减少烟尘浓度随时间的变化,能否缩短采样时间? 如何操作?

（周中平）

冲击法测定粉尘粒径分布

一、实验意义和目的

冲击法是利用粒子的惯性撞击测定气溶胶状态的粉尘粒径分布和除尘装置的分级除尘效率。级联式冲击器是这种测径方法使用的基本仪器。通过本实验希望达到以下目的:

(1) 学会使用级联式冲击器测定气溶胶粒子的粒径分布;

(2) 掌握由冲击法测得数据计算粒径分布的方法。

二、实验原理

级联式冲击器包含多级串联的冲击孔板,每一级孔板后设置一块可让气流绕过又能捕集尘粒的接尘板(见图5-1)。当含尘气流通过冲击器各级孔板时,

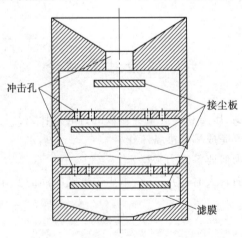

图 5-1 冲击器的冲击孔和接尘板

流速逐级增大。气流中最粗的那部分粒子被最上面一级接尘板捕集,后面各级接尘板捕集的粉尘逐级变细。一轮采样后,各级捕尘量与总捕尘量的比值和气体中粉尘分散度相关联。冲击器最下面一级通常是采用高效滤膜。为防止各接尘板上的粉尘被重新吹返气流,一般采用在接尘板上涂黏性油脂或铺纤维垫的方法。

根据惯性冲击相似理论,某级孔板捕集直径为 d_p 的粒子的效率是惯性参数(Ψ)的函数:

$$\Psi = \frac{Cd_p^2 \rho_p v_j}{9 \times 10^8 \mu D_j} = \frac{200 d_a^2 p_s Q_s}{27 \times 10^8 \ \pi \mu N_j D_j^3 p_j} \qquad (5-1)$$

$$C = 1 + \frac{2\lambda}{d_p}\Big[1.257 + 0.400\exp\Big(-\frac{1.10 d_p}{2\lambda}\Big)\Big] \qquad (5-2)$$

$$d_a = d_p (C\rho_p)^{1/2} \qquad (5-3)$$

式中:Ψ——惯性参数,无量纲;

$\quad d_p$——粒子直径,μm;

$\quad \rho_p$——粒子物质的真密度,g/cm^3;

$\quad v_j$——气流通过第 j 级喷孔的速度,cm/s;

$\quad C$——肯宁汉修正系数,无量纲;

$\quad d_a$——粒子的空气动力学直径,μm;

$\quad \mu$——气体动力黏滞系数,$g/(cm \cdot s)$;

$\quad D_j$——第 j 级孔板喷孔直径,cm;

$\quad N_j$——第 j 级孔板喷孔数;

$\quad p_s$——冲击器入口气体静压,Pa;

$\quad p_j$——第 j 级喷孔处气体静压,Pa;

$\quad Q_s$——进入冲击器的气体流量,L/min;

$\quad \lambda$——气体分子平均自由程,μm。

$$\lambda \approx 0.0653 \times \frac{101325 T}{p \times 296.2} \qquad (5-4)$$

冲击器各级捕集效率与惯性参数的函数关系,通常由实验测定。图5-2用曲线显示出这种关系。

捕集效率等于50%时,对应的粒子的空气动力学直径,称为空气动力学分割直径。第 j 级的空气动力学分割直径记为 d_{acj},相应的惯性参性参数记为 Ψ_{cj},由式

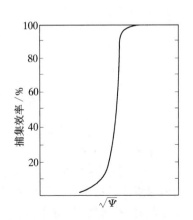

图5-2 捕集效率与惯性参数的关系

(5-1)有：

$$d_{acj} = \left(\frac{0.135\mu\pi N_j D_j^3 p_j \boldsymbol{\Psi}_{cj} \times 10^8}{p_s Q_s} \right)^{1/2} \qquad (5-5)$$

实验表明，除最下面的高效滤膜外，其余各级压力损失不大，近似取 $p_j \approx p_s$，则式(5-5)简化为：

$$d_{acj} = \left(\frac{0.135\mu\pi N_j D_j^3 \boldsymbol{\Psi}_{cj} \times 10^8}{Q_s} \right)^{1/2} \qquad (5-6)$$

上式可写成一种简短的形式：

$$d_{acj} = \left(\frac{\mu \times 10^8}{Q_s} \right)^{1/2} C_j \qquad (5-7)$$

其中：

$$C_j = (0.135\pi N_j D_j^3 \boldsymbol{\Psi}_{cj})^{1/2} \qquad (5-8)$$

利用各级接尘板在一次采样中捕集的粉尘量，可通过几种方法计算试样中粉尘粒径分布的近似表示。这里采用的 d_c 分析法比较简便。d_c 分析法的要点是将每级捕尘效率与 $\boldsymbol{\Psi}$ 的关系用一条理想化的阶梯式曲线近似地表示出来。这意味着第 j 级接尘板以 100% 的效率捕集气流中粒径大于 d_{cj} 而小于 $d_{c(j+1)}$ 的全部尘粒。将冲击器最下面的高效滤膜捕集量记为 M_0，往上各级接尘板的捕尘量依次记为 $M_1,M_2,\cdots,M_N$。因此，空气动力学直径小于 d_{aci} 的粒子的筛下累积频率分布(G_i)由下式求出：

$$G_i = \sum_{j=0}^{j=i+1} \frac{M_j}{M_i} \qquad (5-9)$$

M_t 是捕集粉尘的质量：

$$M_t = M_0 + M_1 + \cdots + M_N \qquad (5-10)$$

三、实 验 装 置

1. 级联式冲击器

图 5-3 是中国预防医学中心卫生研究所研制的 WY-1 型冲击式尘粒分级仪的内部组成。这类冲击器的外筒是一不锈钢管，前端装采样嘴，后面的采样管可与冷凝器、干燥器、压力计、流量计和抽气泵连接。生产厂给出的 WY-1 使用指标如下：

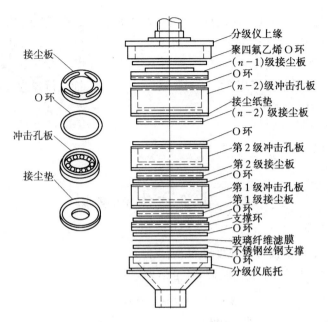

图 5-3　WY-1 组装示意图

采样流量:5~40 L/min

测量范围:1~42 μm

使用温度:0~300℃

2. 采样系统

图 5-4 表示冲击器采样系统。冲击器和采样管外可脱卸的加热套是包缝

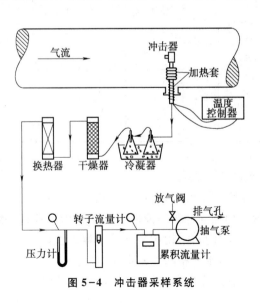

图 5-4　冲击器采样系统

在耐高温绝缘布中的电热丝,功率约 500 W。温度控制器可采用 71 型晶体管继电器。若烟气温度高于 177℃,应包加热套并给加热套供电。冲击器出口温度应控制高于管道烟气温度 11℃。浮子流量计可选用 LZB‑10 型(量程 4～40 L/min)。抽气泵可选用 2X‑1A 型旋片式真空泵(抽气流量为 1 L/s,极限真空度为 $6.7×10^{-2}$ Pa)。

3. 其他仪器

参见实验四。

四、实验方法和步骤

1. 测定烟气断面气流速度分布、烟气静压(p_s)和烟气中水汽体积分数(y_w)

测量方法和步骤参看实验四,测定结果记入表 5‑1。

表 5‑1 烟道流场预测记录表

测定日期＿＿＿＿＿＿＿＿＿ 测定烟道＿＿＿＿＿＿＿＿＿ 测定人员＿＿＿＿＿＿＿＿＿

当地大气压力/kPa	烟道全压/Pa	烟道静压/Pa	烟气温度/℃	烟气干球温度/℃	烟气湿球温度/℃	烟气含湿量 y_w/%	气体密度/(kg·m⁻³)	气体黏度/(g·cm⁻¹·s⁻¹)	毕托管系数 K_p

烟道断面积＿＿＿＿＿＿＿＿＿ m² 测点数＿＿＿＿＿＿＿＿＿

采样点编号	动 压			烟气流速/(m·s⁻¹)	采样嘴直径/mm	采样流量/(L·min⁻¹)	采样时间/min	采样体积/L	换算体积/L
	微压计系数 K	微压计读数 Δl/mm	动压/Pa						
1									
2									
3									
⋮									

2. 组装冲击器和采样系统

(1) 逐一检查各冲击孔板,如发现冲击孔堵塞,用过滤的压缩空气喷吹,或用不锈钢针头清理。用加少许肥皂液的温水仔细清洗孔板,然后在沸水中洗净孔板上的肥皂液。如条件具备,用超声波清洗器冲洗。最后用蘸丙酮或无水乙醇的脱脂棉球擦拭板面,水分将随丙酮迅速蒸发。

(2) 准备足够数量的接尘垫,逐张编号,放入马弗炉,在 300℃下烘 1 h。随后放入干燥器,让其自然冷却。

（3）准备几组玻璃称量瓶,每组 7～8 个,用蒸馏水洗净,烘干后待用。

（4）用天平称各接尘垫,也可将垫和同一编号的玻璃瓶放在一起称量,记录原始质量于表 5-2。

表 5-2　冲击器采样记录表（每点采样填写一张）

级编号	垫加瓶 重/mg	空滤膜 重/mg	瓶垫尘 合重/mg	捕获尘 量/mg	$d_{aci}/$ μm	$\rho_p/$ $(g \cdot cm^{-3})$	$d_{ci}/$ μm	G_i
0								
1								
2								
3								
4								
5								
6								
7								

总尘量＿＿＿＿＿＿＿＿ mg

（5）将各接尘垫铺在接尘板的浅槽内,利用压模使接尘垫与接尘板紧贴,注意勿将垫挤破。

（6）按照由下到上的顺序组装冲击器。选择一平整桌面的中心位置安放辅助用具橡胶杯,将冲击器的底托塞进橡胶杯中,首先先向底托内安放一个 O 形密封环,接着安放夹在支撑环中的不锈钢钢丝网,网上铺一张圆形玻璃纤维滤膜,上面再压一个 O 形密封环,这就安好了零级过滤器。安装第 1 级的顺序是:先将铺 1 号接尘垫的接尘板安放在零级过滤器的上密封环之上,然后安装第 1 级冲击孔板（喷孔直径最小的孔板）,再在这块孔板上沿环形台坎内放置一个 O 形密封环。以后各级仿此顺序安装,第 6 级冲击孔板和上密封环安放就绪后,装上套筒,拧紧上盖,在上盖中心孔内旋入连接管和第 7 级。

（7）将采样管旋入冲击器底托中心孔中,连接处用聚四氟乙烯垫圈或薄膜以防漏气。

（8）选择采样嘴直径:

$$D = \sqrt{\frac{Q_{st}}{0.0471 v_s}} \qquad (5-11)$$

式中：D——冲击器采样嘴直径,mm;

Q_{st}——工况下采样流量,L/min;

v_s——采样点烟气流速,m/s。

选取最接近 D 计算值的采样嘴旋入冲击器顶部测面孔内,拧紧。

(9) 按照图 5-4,连接系统各部件。冲击器暂时放在烟道外。

3. 采样

由式(5-1)可知,惯性参数(Ψ)随采样速度改变,因而每一级对粒子的捕集效率也随采样速度改变。在一次采样中冲击器必须固定在一个采样位置,不允许像滤膜采样时那样在一个周期中改变采样点。考虑到管道断面的流速分布,应分别对各选定点作单独一次冲击器采样。每次采样时间可根据烟气含尘浓度和采样流量确定,以每次搜集总尘量大约 50 mg 为宜。

(1) 按下式计算转子流量计应取数(Q'):

$$Q' = 0.080D^2 v_s \left(\frac{p_a + p_s}{T_s}\right)\left(\frac{T_r}{p_a + p_r}\right)^{1/2}(1 - y_w) \tag{5-12}$$

式中:p_a——当地大气压力,kPa;

p_s——采样点烟气静压,kPa;

p_r——转子流量计前气体相对压力,kPa;

T_r——转子流量计前气体温度,K;

T_s——采样点烟气温度,K;

y_w——采样点烟气中水汽体积分数。

(2) 检查系统各处接头是否漏气,启动抽气泵,预调抽气流量到 Q' 的计算值,再关闭抽气泵。

(3) 将冲击器插入烟道,使采样嘴达到预定采样点,令采样嘴背对气流方向预热数分钟。

(4) 采样计时开始,迅速掉转冲击器,令采样嘴正面迎向气流,同时启动抽气泵。由于气体温度改变,浮子流量计读数可能偏离预调 Q' 值,一般需重调浮子流量计的调节阀使读数达到 Q' 的计算值。采样过程中冲击器的阻力将逐渐上升,实验者必须随时调节阀门以保持恒定的采样流量。达到预定的采样时间后立即将冲击器掉转 180°,关闭抽气泵。尽快将冲击器抽出烟道,使它的安放位置保持垂直向上。

(5) 选定管道断面内其他采样点,按下面的步骤处理样品后,重复以上采样步骤。

4. 样品处理

(1) 待冲击器自然冷却后,擦掉外面表面的积尘。

(2) 在布置妥当的拆卸场所小心拧下采样管,将冲击器插在橡胶杯内,按照从上到下的顺序拆卸。旋下采样嘴后,卸第 7 级接尘板,它实际是冲击器最上面的一节圆筒,将此筒壁和采样嘴内壁上的积尘扫入 7 号玻璃称量瓶中。为了卸下下面的几级必须拧下顶盖和套筒,连接弯管内壁和顶盖下表面的积尘应扫进 6 号称量瓶中,装在顶盖下面的 6 号接尘垫和它捕集的粉尘都收进 6 号称量瓶内。下面各级捕集的粉尘连同接尘垫收入相应编号的瓶中。玻璃纤维滤膜和它上面的粉尘放进 0 号瓶中。各级孔板壁面还会积一些粉尘,可用软毛刷清扫,或用丙酮清洗,倒进对应的称量瓶中。

(3) 将 0~7 号盛了粉尘和接尘垫的称量瓶放在一恒温箱中,在 110℃下烘 1 h,再放进干燥器中冷却。分别称量各个称量瓶,算出各级实际捕尘量,结果记入表 5-2。

五、实验数据记录与处理

(1) 对于未受磨损的冲击器,可利用标定产品时气体流量、温度和标定的 d_{acj},通过式(5-6)计算各级常数 C_j。根据 WY-1 型冲击式尘粒分级仪使用说明书提供的数据,计算出各级常数值:

$$C_1 = 0.0988, \qquad C_2 = 0.1423, \qquad C_3 = 0.198$$
$$C_4 = 0.270, \qquad C_5 = 0.393, \qquad C_6 = 0.631$$

实验条件一般不同于标定条件,但常数 C_j 值不变。当喷孔形状有改变时,冲击器需要新标定。

(2) 以实验流量 Q_s、实验温度下的黏度 μ 值代入式(5-7)中,计算出实验条件下的各级空气动力学分割直径 d_{acj}。

(3) 以 d_{acj} 代入式(5-2)的 d_p,初步计算出肯宁汉修正系数 C。将 C 的初步值、粒子真密度(ρ_p)和代入式(5-3)中,计算出各级的分割直径(d_{cj})。将 d_{cj} 的计算值再代入式(5-2)中计算出 C 值。这样,反复利用式(5-2)式(5-3)计算,便可求出各级的分割直径(d_{cj})。

(4) 利用式(5-8)计算各级的筛下累积频率(G_i)。

(5) 在对数概率坐标纸上作图,以粒子分割直径(d_c)为横轴,筛下累积频率(G_i)为纵轴标绘各实验点。若点(G_1, d_{c1}),(G_2, d_{c2}),…接近于一条直线,便可画出这条直线,说明该种气溶胶粒子符合对数正态分布。

(6) 由直线图求出该气溶胶粒子尺寸分布的中位直径(d_{p50})和几何标准差(σ_g)。

六、实验结果讨论

(1) 采用冲击法测定粉尘粒径分布,影响测定结果准确性的主要因素有哪些? 如何防止其影响?

(2) 该法测定粉尘粒径分布和其他方法相比,在测定对象方面有何不同? 有什么特点?

(3) 采用冲击法能否测出管道中气流含尘浓度及用于除尘器效率测定? 试简要说明如何进行。

(曾汉侯)

库尔特法测定粉尘粒径分布

一、实验意义和目的

库尔特法是用库尔特粒度分布分析仪测量粉尘粒子的粒径大小及其分布的一种方法。由于该法具有分辨率高、测径范围宽、所需试样少、分析结果出得快等优点,早已得到广泛应用。通过本实验,希望达到如下目的:

(1) 掌握使用库尔特法测定粉尘颗粒的粒度分布时样品的预处理技能;

(2) 了解库尔特法测定粉尘粒度分布的原理和操作;

(3) 了解影响库尔特法测定粉尘粒度分布结果的因素及其消除方法。

二、实 验 原 理

库尔特法测定颗粒物粒度分布的基本原理是电阻敏感法,见图 6-1。使悬浮在电解液中的颗粒通过两边各浸有一个电极的筛孔($0.25 \sim 900~\mu m$),导致两电极间的电阻抗发生变化。电阻抗的变化产生一个电压脉冲,其振幅与阻抗的改变值成正比,而阻抗改变值又与颗粒体积成正比关系,其计算式如下:

$$\Delta R = \frac{\rho_0 V}{A^2} \left(\frac{1}{1 - \rho_0/\rho} - \frac{a}{xA} \right)^{-1} \tag{6-1}$$

式中:ΔR——电阻抗的改变量,Ω;

V——颗粒体积,cm^3;

ρ_0——电解液的电阻率,$\Omega \cdot cm$;

ρ——颗粒的电阻率,$\Omega \cdot cm$;

A——筛孔面积(垂直于轴线),cm^2;

a——当颗粒通过筛孔时颗粒垂直于筛孔的投影面积,cm^2;

x——颗粒的长度与直径的比值(L/D)。

传输该脉冲信号通过一个具有可调输出范围的阈回路(相当于一定大小的粒径),当颗粒产生的脉冲振幅大于下限闭回路时,该脉冲信号被记录,也就是将具有一定粒径的颗粒计数一次。当颗粒不断地通过筛孔时,感应出的不同脉冲振幅代表不同的粒径,于是可得出不同粒径的计数分布。

三、实验装置、仪器和试剂

1. 装置与流程

本实验采用美国颗粒资料公司(Particle Data Inc.)制造的"超精密粒度分布分析仪(80XY-Ⅱ型)"作为实验用仪器,其装置和流程见图6-1。当打开旋塞4后,在负压作用下,U形管右管中的水银上升,左管中的水银下降仪器进行定标。定标完毕,将旋塞4关闭,水银在重力作用下由右管流向左管,同时引起悬浮液由测试烧杯通过筛孔进入筛孔管内。当水银达到起始触点9时,计数器驱动器驱动数字式计数器开始计数,到达终止触点10时停止计数。触点9和10之间的管内体积就确定了通过筛孔的悬浮液的体积。悬浮液中的每一个尘粒在通过筛孔时都使电极3与5之间感应出一个电压脉冲信号,这一脉冲信号被放大、甄别和计数,从演算的数据可得出不同粒径的计数分布。

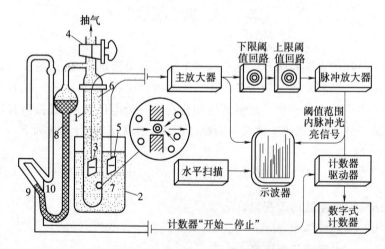

图6-1 库尔特粒度分布测定仪示意图

1. 筛孔管;2. 测试烧杯;3. 电极;4. 旋塞;5. 电极;6. 电解液;
7. 筛孔;8. U形管;9. 起始触点;10. 终止触点

2. 仪器

(1) 库尔特仪:80XY-Ⅱ型,1台。

(2) 筛孔管:190 μm,1支。

(3) 超声波振荡器:1套。

(4) 螺旋搅拌器:1支。

(5) 抽滤漏斗及烧瓶:1套。

(6) 微孔滤膜:0.45 μm 和 0.20 μm,各数张。

(7) 筛网:250目,1片。

(8) 托盘天平:感量 0.1 g,1台。

(9) 量筒:1000 mL,1个。

(10) 烧杯:1500 mL,1个。

(11) 容量瓶:1000 mL,2个。

(12) 移液管:1个。

(13) 样品烧杯:细长 150 mL 烧杯,4个。

(14) 样品瓶:40 mL,4个。

(15) 塑料洗瓶:1个。

(16) 毛刷:1支。

(17) 角匙:1个。

(18) 漏斗:带粗孔筛网,1个。

3. 试剂

(1) 电解液:见电解液的选择与配制部分。

(2) 标准粒子。

(3) 粉尘样品:电站飞灰。

四、实验方法和步骤

(一) 粉尘样品的制备

从尘源处收集到的粉尘必须经过随机分取处理,以达到测试所需的量(往往是数克),且要使所测粉尘具有良好的代表性。分取粉尘样品的方法一般有圆锥四分法和流动切断法。

1. 圆锥四分法

(1) 如图 6-2(a)所示,将水平板(铂箔等光滑材料)1、2、3、4 顺次叠放。

(2) 将带粗孔筛网的漏斗置于堆积中心 C 的正上方,用角匙分次少量加料,也可用小型振动加料器加料,使粉尘垂直下落。对于不易通过筛网的黏附凝集

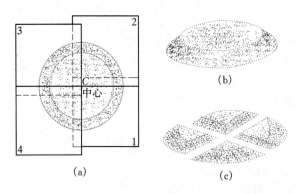

图 6-2　圆锥四分法分取粉尘样品

性粉尘,可用软毛刷轻轻刷几下,使之通过筛网堆积。

(3) 粉尘堆积后,按图 6-2(b)、(c)所示,把堆料摊成圆盘状,然后挪开铝箔,使之划分为四等份,舍去对角上 1、3 两份,取其另一对角上的 2、4 两份。

(4) 将 2、4 两份混合后再次进行取合,如此重复数次,使一份尘样的质量达到测试要求后,取任意对角上的两份作为测试用粉尘样品。

2. 流动切断法

将试料放入固定的漏斗中,使其从漏斗小孔中流出。用容器在漏斗下部左右移动,随机接取一定量的粉料作为分析用样品,如图 6-3(a)所示。也可将装有粉尘的箔纸左右移动,使粉尘漏入两个并列排放的受料器内,如图 6-3(b)所示,然后取其中一个受料器内的粉尘,舍去另一个。将试样重复缩分数次,直至所取样品满足分析用量为止。也可将漏斗固定不动,移动受料器来缩分,以得到所测样品,如图 6-3(c)所示。

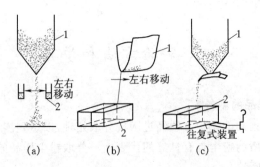

图 6-3　流动切断法分取粉尘样品

1. 漏斗;2. 受料器

(二) 电解液的选择与配制

用库尔特法测试粉尘粒度分布,如电解液选择不当,粉尘样品可能发生溶解、结晶、凝结、收缩、膨胀和化学反应等现象；仪器本身也会减弱测试灵敏度和产生电噪音，影响其测试精度。

电解液的选择主要依据被测粉尘的物理、化学性质而定。选用的电解液必须满足下列条件：① 电解液应具有足够高的电阻率；② 电解液不与粉尘发生化学反应；③ 粉尘样品在其中不发生溶解、凝结、收缩、膨胀等现象；④ 粉尘样品和电解液要形成亲水性结构，即电解液应该能很好地浸润粉尘表面；⑤ 无毒、无害，不用在测试之后进行处理。1% NaCl 溶液有 55 $\Omega \cdot cm$ 的电阻率，通常测试样品用电解液的电阻率应大于 55 $\Omega \cdot cm$。使用 1.5%（质量分数）NaCl 溶液对很多粉尘是很适宜的。表 6-1 列出了一些常用的电解液。

表 6-1　几种常用电解液

电解质（质量分数）	溶　　剂	用　　途
1%～2%氯化钠	水	通用于不溶于水的物质
4%焦磷酸钠	水	通用于不溶于水的物质
6%氢氧化钠	水	通用于粒径较小且不溶于水的物质
2%氯化钙	硬水	碳酸钙
0.25%氯化钠	丙三醇/水(75/25)	用于密度较大的物质
4%硫氰酸铵	异丙醇	通用于水溶性物质
2%氯化锂	甲醇	水泥、碳酸盐等

现以焦磷酸钠为例，配制电解液：

（1）用天平称取 40 g $Na_4P_2O_7$ 置于烧杯中，并加入 1 000 mL 蒸馏水，混合配成 4% $Na_4P_2O_7$ 电解液。

（2）配好后在抽滤漏斗上用孔径 0.45 μm 的滤膜抽滤两次，再用 0.20 μm 的滤膜抽滤数次，直至在库尔特仪上检验不出所测范围内粒子存在。将滤好的电解液密存于容量瓶中待用。

（三）仪器标定

在每次测试之前，更换筛管或电解液后，必须对仪器进行标定。首先，根据所测样品粒径大致范围来选择筛孔管。每个筛孔管的测试范围为筛孔孔径的 2%～38%。本实验选用电站飞灰作为测试样品，使用 190 μm 筛孔管。一般选取粒径为筛孔孔径 10% 的标准粒子来标定仪器。库尔特仪主机部件如图 6-4 所示。其详细操作如下：

（1）将主机和电传打字机开关置于"ON"状态。

（2）选用 190 μm 筛孔管，装入管定位器。

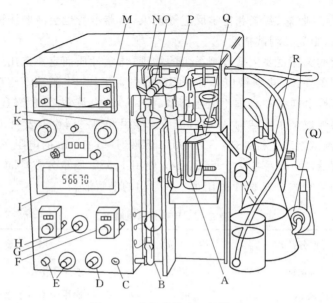

图 6-4 库尔特仪主机部件图

A. 样品烧杯和筛孔管;B. 水银体积定量管;C. 电源开关;D. 线性/对数切换开关;E. 定标调节;F. 触发天平上限调节旋钮;G. 触发功能选择开关;H. 触发天平下限调节旋钮;I. 计数器;J. 数字式时间控制设定器;K. 电感区电流控制旋钮;L. 增益控制旋钮;M. 脉冲显示示波器;N. 真空/反洗控制阀;O. 筛孔反冲活塞;P. 筛孔观察镜;Q. 水流脉冲器;R. 真空泵

(3) 状态参数输入。按电传机上"STATUS"键,屏幕显示状态参数输入模式:

a. 设置样品号

b. 设置测试日期

c. 设置电流控制值:5

d. 设置增益控制值:1

e. 设置第一通道标定值:4.525 d_p

f. 设置真对数值:13.95

g. 设置筛孔孔径:190 μm

h. 设置体积定量管容积:1000 μL

i. 设置众径计数:最大 10000 个

j. 设置粒子总计数:最大 1000000 个

全部数值通过电传机输入,之后再按"STATUS"键,显示回到图像模式。若改换筛孔管,需同时更换状态参数,其数值见仪器操作手册。

(4) 配制标准样品。在样品瓶中注入适量电解液,并滴加 1 滴标准粒子,摇匀。

(5) 将标准样品瓶放到测量平台上,使筛孔管浸没于电解液中。把真空/反洗控制阀置于"VACUUM"位置,待自动定标终了(显示屏无脉冲信号,两个计数器计数复零),将控制阀于"COUNT"位置,水银柱到达起始触点时,按"A"键开始检测,在屏幕上有图像显示。

(6) 水银柱通过终止触点时,检测终止,按"Q"键,屏幕显示粒子分布图。

(7) 按"PEAK"键,使下光点(屏幕左端的)移到图形峰值点,在图像横轴下端显示峰值粒径。如显示数值同所滴加标准粒子粒径相同,表示仪器处于较好的工作状态,可以测试样品。若相差较大,则需重新标定。标定方法有一点标定法和二点标定法,详见仪器操作手册。

(四) 待测样品的配制

库尔特仪只能测量悬浮在电解液中的固态粒子。对于粉末状尘样,必须将其分散到电解液中呈悬浮状态,方可进行测试。详细操作如下:

(1) 称取大约 10 g 有代表性的粉尘样品,并用 250 目筛网筛分。

(2) 收集通过筛网的部分,并用圆锥四分法或流动切断法等进行分取,至0.01 g 左右。

(3) 将尘样倒入样品瓶,用过滤好的电解液作为分散载体,配成一定浓度的悬浮液。

(4) 在超声波振荡器上振荡约 5 min,使尘样在电解液中分散均匀。

(5) 在测试烧杯中定量移取尘样悬浊液,注入适量电解液,摇匀。

对于湿式样品,例如收集在内装电解液的湿式碰撞取样器中的样品,应视其浓度不同移取适量的样品至测试烧杯中。然后加入一定量的电解液,搅拌均匀。

(五) 粉尘样品的测试

(1) 将测试烧杯放到测量平台上。若粉尘在电解液中有沉降观象,可启动螺旋搅拌器搅拌样品,使之保持悬浊状态,但搅拌速度不能过快,以防止产生气泡。

(2) 仿"仪器标定"中步骤(3)~(5)操作,测试样品。

(3) 测试终了,将控制阀置于"FLUSH"位置,对筛孔管内壁进行反洗。筛孔管、H 形接管内测量用过的废电解液要排掉,并换上清洁的电解液,然后将控制柄置于"COUNT"位置。降下测量平台,清洗筛孔外壁及电极,准备下一个样品的测试。

(4) 样品全部测试完毕,先关闭电传打印机开关,后关闭主机开关。

(六) 注意事项

(1) 电解液配好后,一定要仔细抽滤,以保证测量结果准确。

（2）在测试之前，要用抽滤过的电解液仔细清洗样品烧杯、筛孔管和电极等部件。

（3）不要用手触摸筛孔管，以防止将筛孔管污染，影响测试精度。

（4）筛孔管在使用中如发现筛孔堵塞，轻者用筛孔反洗活塞清堵。如果不能清除，用毛刷轻刷筛孔突起部分或取下清洗。

（5）测试后一定要进行反洗操作，以防止前一个样品中残留的尘粒影响下一个样品的测试精度。

五、实验数据记录与处理

80XY 型库尔特仪具有数据自动处理功能，详细操作如下：

1. 数据的修正

按"S"键，可自动用最小二乘法将曲线修正光滑。

2. 不同分布曲线之间的转换

不同粒径的计数分布，不同粒径的体积分布、粒子累积计数分布、粒子累积体积分布之间转换如图 6-5 所示。

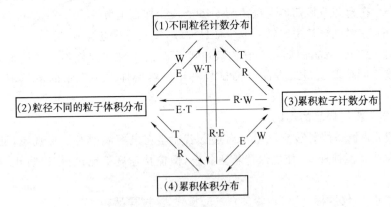

图 6-5　不同分布曲线之间转换操作
图中字母表示切换时所需的按键

3. 数据打印

按"P"键，屏幕显示：

IS THIS A COMPLETE PARTICULATE SYSTEM

ENTER Y OR N

再按"Y"键,测试的数据便可由电传机打印输出。

4. 图形打印

按"L"键,则电传机将测试的分布曲线打印出来(注:由于空格指令打印会暂停,此时若按空格指令数 0~9 任一数字,打印曲线的信道间隔数为所按的数字,曲线被打印输出)。

六、实验结果讨论

(1) 使用库尔特测试粉尘粒度分布,如何提高测试精度?

(2) 依据实验数据,试绘出相对频率分布曲线和筛上累积分布曲线,并确定其中位径、众径和几何标准偏差。

(3) 怎样利用库尔特仪测定出除尘器总效率与分级效率?

(晁红勋　郝吉明)

实验七

荷电低压捕集器(ELPI)测定
粉尘粒径分布

一、实验意义和目的

荷电低压捕集器(ELPI)是现有测量颗粒物较为准确和精密的仪器之一,主要用于大气环境中和燃烧过程产生的可吸入颗粒物及气溶胶的研究,它能够对环境大气和燃烧源产生的可吸入颗粒物进行自动采样,同时可在线测量可吸入颗粒物的浓度和粒径分布,集在线监测和采集样品于一身。通过本实验,希望达到如下目的:

(1) 了解 ELPI 测定颗粒物浓度和粒径分布的原理;

(2) 掌握 ELPI 及其稀释系统的操作;

(3) 掌握 ELPI 数据处理的方法。

二、实 验 原 理

ELPI 可以实时测量气体中颗粒物分粒径的粒数浓度和质量浓度,测量的颗粒物粒径范围为 32 nm～10 μm,分为 12 级进行同步测量(实际上气流通过整套冲击器需要一定时间,但这个总停留时间小于 1 s),这 12 级的粒径范围列于表 7-1。

表 7-1 ELPI 的 12 级粒径范围

分级	分割粒径/μm	几何平均直径/μm	粒数浓度最小值/(个·cm^{-3})	粒数浓度最大值/(个·cm^{-3})	质量浓度最小值/(μg·m^{-3})	质量浓度最大值/(μg·m^{-3})
13	9.9200					
12	6.6800	8.14	0.08	8×10^3	22	2 100
11	4.0000	5.17	0.16	2×10^4	12	1 200

分级	分割粒径/μm	几何平均直径/μm	粒数浓度最小值/(个·cm^{-3})	粒数浓度最大值/(个·cm^{-3})	质量浓度最小值/($\mu g·m^{-3}$)	质量浓度最大值/($\mu g·m^{-3}$)
10	2.3900	3.09	0.36	4×10^4	6.3	630
9	1.6000	1.96	0.8	8×10^4	3.5	350
8	0.9480	1.23	1.6	2×10^5	2	200
7	0.6130	0.76	3	3×10^5	1	90
6	0.3820	0.48	5	5×10^5	0.4	40
5	0.2630	0.32	9	9×10^5	0.17	17
4	0.1570	0.20	15	2×10^6	0.078	7.8
3	0.0950	0.12	26	3×10^6	0.035	3.5
2	0.0540	0.07	50	5×10^6	0.015	1.5
1	0.0280	0.04	90	9×10^6	0.005	0.5

ELPI 的工作原理是：含颗粒物的气流首先通过一个 PM_{10} 的预切割头，把大于 10 μm 的颗粒过滤掉，小于 10 μm 的颗粒流经过一个静电场，在此电场通过电晕放电器使颗粒带上电荷，然后气流从上而下通过每一级冲击器，通过惯性分离将颗粒物按粒径从大到小分成 12 级，最后气流通过最末级的导流管排出撞击器。每一级冲击器都对应有一个静电计测量捕集到该级颗粒物所带的电流值，通过电流值推算出各级的颗粒物浓度，各冲击器之间用聚四氟乙烯绝缘体隔开。

ELPI 的具体技术指标和适用的环境条件参数见表 7-2。

表 7-2　ELPI 具体的技术指标和适用的环境条件参数

项目	指标	项目	指标
测量范围/μm	0.03～10	仪器工作温度/℃	5～40
冲击器	共 13 级	仪器工作湿度/%	0～60
体积流速/($L·min^{-1}$)	10	气体温度/℃	<60
最低层的冲击板压力/$mbar^*$	100	响应时间/s	<5
真空泵流量/($m^3·h^{-1}$)	7（100 mbar 时）		

注：* 1 bar=10^5 Pa

三、实验装置、仪器和试剂

（一）实验装置与流程

实验装置与流程见图 7-1。

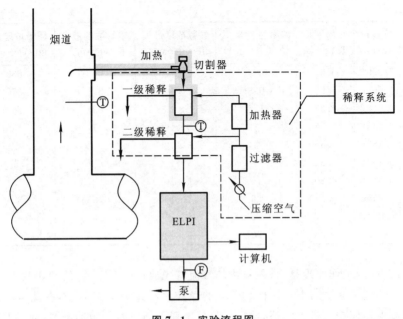

图 7-1　实验流程图

T——温度测定;F——流量测定

打开采样泵,在负压作用下,被测气流通过切割器、稀释系统进入 ELPI 主机,在此进行颗粒的分级及测量,测量结果传输到计算机,通过专用软件进行数据转换与处理。

图中虚线部分是稀释系统,用于燃烧源的测量,主要目的是将高温烟气的温度和浓度降至仪器可承受的温度(一般是常温)和浓度,采用洁净的干燥空气作稀释气。两级稀释系统可尽量保持烟气和颗粒物的形态。一级稀释中,稀释气加热至烟气温度,烟气在没有温差的情况下稀释,二级稀释才降至最终温度,可有效减少挥发性和半挥发性物质(如硫酸和碳氢化合物等)的凝结。进行环境采样时,由于环境中颗粒物的浓度和温度均在 ELPI 测量范围内,被测气流可不经过稀释,直接进入 ELPI 主机进行测量。

(二) 仪器设备

(1) 荷电低压捕集器:1 台。

(2) 真空泵:1 台。

(3) 切割器:1 个。

(4) 采样枪:1 支。

(5) 稀释器:2 个。

(6) 加热器:1 个。

(7) 保温套:1 个。

（8）温控仪:2台。

（9）过滤器:1套。

（10）空压机:1台。

（11）专用工具:1个。

（12）离心搅拌器:1台。

（13）离心管:1支。

（14）铝膜:$\phi25\sim26$ mm,数十张。

（15）镊子:1个。

（16）烧杯:2个。

（17）毛刷:1支。

（三）试剂

（1）丙酮。

（2）异丙醇。

（3）阿皮松（Apiezon-L）脂。

四、实验方法和步骤

（一）采样膜的准备和安装

1. 采样膜的准备

采样膜为$\phi25\sim26$ mm的铝膜,为了保证测量的准确性,铝膜表面必须是洁净且平整的。此外,为了避免颗粒的反弹现象,膜的表面需要涂脂。步骤如下:

（1）将铝膜用丙酮溶液清洗干净、晾干备用。

（2）将高纯度的阿皮松脂一点点地加到丙酮溶液中,用离心搅拌器搅拌均匀,直至饱和,一般油脂和溶液的比例大约在$1/30\sim1/20$。

（3）用干净的小毛刷将饱和了油脂的丙酮溶液均匀地涂在铝膜表面,注意保持铝膜边缘的洁净（即留在压环下面的部分）。

（4）等待约15 min,以便丙酮溶剂能够彻底挥发。

（5）检查铝膜表面是否有一层薄而平整的油脂,若涂覆得不好,重复上述两步。

2. 采样膜的安装

首先将冲击器从ELPI主机里取出,将采样膜装在每一级冲击器上,再将冲击器安装到主机,ELPI主机的结构图见图7-2。具体操作步骤如下:

（1）确定主机电源是关闭的,打开主机前门。

（2）打开并取下电晕放电器和冲击器连接法兰上的夹钳。

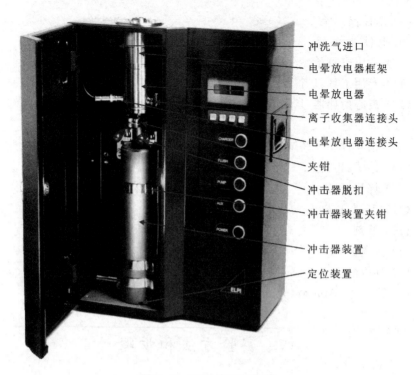

冲洗气进口

电晕放电器框架

电晕放电器

离子收集器连接头

电晕放电器连接头

夹钳

冲击器脱扣

冲击器装置夹钳

冲击器装置

定位装置

图 7-2 ELPI 主机结构图

（3）将电晕放电器在框架内向上滑动，由于这两部分之间有 O 形圈相连，需要用一些力。此时电晕放电器仅靠摩擦力固定在框架内，检查并确认它能安全地保持固定。取下法兰连接器中心的密封塞。

（4）打开环绕着冲击器装置的夹钳。

（5）拔出冲击器装置，务必水平地滑移出来，注意不要损坏位于 ELPI 主机内、冲击器后的静电计触头。

（6）将冲击器装置垂直放置在一个水平面上，如放在桌面，将装置上部两个拉手沿垂直方向提起来，同样，这一步骤需要费一些力气，所以装置必须放得平稳。

（7）首先取下最高一级冲击器，即与进口管相连的那一级，然后将其余的冲击器和绝缘体逐级取下，检查每一级的配件是否完整。

（8）用专用工具将每一级冲击器平台上的膜固定环取下。

（9）将采样膜小心地放置在冲击器的平台上。

（10）将膜固定环装回原来的位置，将膜固定，检查采样膜是否平整。

（11）按上述步骤的相反顺序，将各级冲击器装回装置，放入主机，关闭主机前门，准备测量。

（12）实验完毕后，利用专用工具将采样膜取下。

（二）仪器操作

ELPI 作为可吸入颗粒物的采样与分析仪器，是一套复杂和精密的系统，任何不正确的操作均会对测试数据的准确性和仪器的安全运行带来严重的威胁。因此，在使用 ELPI 进行科学研究的过程中，一定要严格按照下述步骤进行操作：

（1）将仪器的荷电部分和捕集部分安装好，尤其是用于捕集的各层捕集板。

（2）检查仪器后面板上电源接入情况，并确保电源连接正确。

（3）将真空泵与仪器出口通过一个密闭软管连接起来，并在连接的软管上加装一个控制阀。

（4）将安装好的仪器与一台计算机通过数据线连接起来。

（5）打开置于仪器后面板上的电源开关。

（6）将 ELPI 进口用专用堵头堵紧，打开真空泵，将仪器内部空气抽至压力为 0 mbar，然后关闭控制阀，进行仪器的检漏测试，若仪器压力从 5 mbar 升至 15 mbar 的时间小于 1 min，即可认为检漏合格。

（7）仪器检漏测试通过后，取下专用堵头，通过采样管将仪器与采样点连接起来。此时，一定要注意采样点的采样条件必须满足仪器的采样要求，若进行的是燃烧源的采样测量，需连接稀释系统，并按国标规定进行布点（见实验四）。

（8）启动计算机中的仪器操作程序，并打开采样测试程序。

（9）在弹出的安装提示界面上，依次根据要求填入相关内容。关于仪器荷电部分和捕集部分的设置，需按照说明书中所附数据列表进行填写，以保证仪器运转的正确和稳定。

（10）最后检查并选择合适的接口序号，以便于计算机与仪器的通讯顺畅。

（11）完成上述工作后，点击安装提示界面上的"OK"键。

（12）打开真空泵的开关，并检查和调节仪器的出口压力到 100 mbar。

（13）真空泵刚开始运行初期，先不要记录数据，以避开初始阶段因摩擦生电作用引起的数据失真现象，等到数据跳动基本稳定后才可以记录数据。

（14）依次将控制面板中的"Charger"、"Flush"、"Zero"三项选中，并在完成调零（Zero）工作后将"Flush"关闭。

（15）检查并确认"Charger"与"Trap"均处于打开状态。

（16）如果使用了稀释系统，在稀释一栏填入相应的稀释比，以调整好图形输出。

（17）在页面上选择数据存贮的间隔时间。

（18）按下页面上的"Save"键，开始测试数据的存储；再次按下页面上的"Save"键即可停止测试数据存储，数据文件为 ∗.dat。

（19）测试结束后，按下页面上的"Exit"键即可退出仪器的操作程序。

（20）完成上述工作后，取出采样膜，将各级冲击器用异丙醇溶液清洗干净，待异丙醇溶液全部挥发后，将冲击器装回主机。

（21）用专用堵口将仪器进气口堵住；将仪器电源关闭，并将仪器电源线从插座上拔下。

（22）最后，用罩布将仪器盖好。

注意：在装卸捕集器部件时，请先放掉身上所带静电（如手摸接地的金属物件等），以免手碰到和捕集器连接的静电计时对仪表造成损坏。

五、实验数据记录与处理

ELPI有专用的数据处理软件——ELPIxls，具体操作如下：

（1）在Excel里打开数据处理软件，在界面上选择"打开新的数据文件"，将测试的原始数据（*.dat）导入软件。

（2）在current.chart工作表中选择需要进行运算的时间段。

（3）软件会自动计算出所选时间段内不同粒径的数量、体积、质量、面积、颗粒累积数量、颗粒累积质量等分布，计算结果和图形见All.distributions工作表。

六、实验结果讨论

（1）实验结果需提交所测颗粒物的数量、质量、颗粒累积数量、颗粒累积质量等分布，并对数据进行相应分析。

（2）若ELPI主机出口压力不是100 mbar，对测定结果有什么影响？

（3）空气湿度对测定结果有什么影响？

（易红宏）

实验八

粉尘比电阻的测定

一、实验意义和目的

粉尘的比电阻是一项有实用意义的参数。如考虑将电除尘器和电强化布袋除尘器作为某一烟气控制工程的待选防尘装置时,必须取得烟气中粉尘的比电阻值。通过此实验,要求掌握粉尘比电阻的测量方法。

二、实验原理

两块平行的导体板之间堆积某种粉尘,两导体施加一定电压(U)时,特有电流通过堆积的粉尘层。电流(I)的大小正比于电流通过粉尘层的面积,反比于尘层层的厚度。此外 I 还与粉尘的介电性质、粉尘的堆积密实程度有关。但是,通过堆积尘层的电流 I 和施加电压 U 的关系不符合欧姆定律,即比值 U/I 不等于定值,它随 U 的大小而改变。粉尘比电阻的定义式为:

$$\rho = \frac{UA}{Id} \qquad\qquad (8-1)$$

式中:ρ——比电阻,$\Omega\cdot cm$;

　　U——加在粉尘层两端面间的电压,V;

　　I——尘层中通过的电流,A;

　　A——粉尘层端面面积,cm^2;

　　d——粉尘层厚度,cm。

粉尘比电阻的测试方法可分成两类:第一类方法是将比电阻测试仪放进烟道,用电力使气体中的粉尘沉淀在测试仪的两个电极之间,再通过电气仪表测出流过粉尘沉积层的电流和电压,换算后可得到比电阻值。这类方法的特点是利用一种装置既在烟道中采集粉尘试样，又在采样位置完成对采得尘样的比电阻测量。第二类方法是在实验室控制的条件下测量尘样的比电阻。本实验采用第二类方法。

三、实 验 装 置

1. 比电阻测试皿

它是由两个不锈钢电极组成。安装时处于下方的固定电极做成平底敞口浅碟形，底面直径 7.6 cm，深 0.5 cm，它也是盛待测粉尘的器皿。固定电极的上方设一个可升降的活动电极，它是一块圆板，直径为 2.5 cm。活动电极底面的面积也就是粉尘层通电流的端面面积。为了消除电极边缘通电流的边缘效应，活动电极周围装有保护环，保护环与活动电极之间有一狭窄的空隙。比电阻的测量值与加在粉尘层的压力有关。一般规定该压力为 1 kPa，达到这一要求的活动电极的设计如图 8-1 所示。

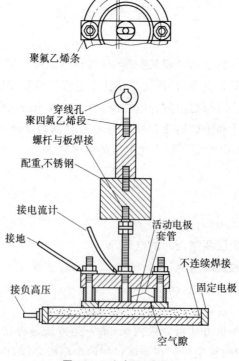

图 8-1 比电阻测试皿

2. 高压直流电源

这一电源是供测量时施加电压用的,它应能连续地调节输出电压。调压范围约 0~10 kV。电压表用于测量粉尘层两端面间的电压。粉尘层的介电性可能出现很高的值,因此与它并联的电压表必须具有很高的内阻,如采用 Q5-V型静电电压表。测量通过粉尘层电流的电流表可用 C46-μA 型。供电和仪表的连接见图 8-2。

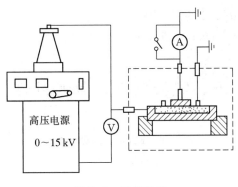

图 8-2　测量线路

3. 恒温箱

粉尘比电阻随温度改变而改变。在没有提出指定测试温度的情况下,一般报告中给出的是 150℃时测得的比电阻值。而测量环境中水汽体积分数规定为0.05。为此应装备可调温调湿的恒温箱,将比电阻测试皿装在恒温箱中,活动电极的升降通过伸出箱外的轴进行操作。

四、实验方法和步骤

(1) 取待测尘样 300 g 左右,置于一耐高温浅盒内,并将其放入恒温箱内烘2 h,恒温箱的温度调到 150℃。

(2) 用小勺舀待测粉尘装满比电阻测试皿的下盘,并取一直边刮板从盘的顶端刮过,使尘面平整。小心地将盘放到绝缘底座上。注意,勿过猛震动灰盘,不要烫伤。通过活动电极调节轴的手轮将活动电极缓慢下降,使它以自身重量压在灰盘中的粉尘的表面上。

(3) 接通高压电源,调节电压输出旋钮,逐步升高电压,每步升 50 V 左右,记录通过尘层的电流和施加的电压。如出现电流值突然大幅度上升,高压电压表读数下降或摇摆,表明粉尘层内发生了电击穿,应立即停止升压,并记录击穿电压。然后将输出电压调回到零,关断高压电源。

(4) 将活动电极升高,取出灰盘,小心地搅拌盘中粉尘使击穿时粉尘层中出现的通道得到弥合,再刮平(或重新换粉尘)。重复步骤(2)和(3),测量击穿电压 3 次。取 3 次测量值 U_{B1}、U_{B2}、U_{B3} 的平均值 U_B。

(5) 关断高压。按照步骤(2),在盘中重装一份粉尘。按照步骤(3)调节电压输出旋钮,使电压升高到击穿电压 U_B 的 0.85~0.95 倍。记录高压电压表和微电流表的读数。根据式(8-1)计算比电阻(ρ)。

(6) 另装两份粉尘,按以上步骤重复测量 ρ 值。

五、实验数据记录与处理

表 8-1　击穿电压测量记录表

粉尘来源＿＿＿＿＿＿　恒温箱烘尘温度＿＿＿＿＿℃　恒温箱水汽体积分数

＿＿＿＿＿

第一次

U/kV										U_{B1}/V
$I/\mu\mathrm{A}$										

第二次

U/kV										U_{B2}/V
$I/\mu\mathrm{A}$										

第三次

U/kV										U_{B3}/V
$I/\mu\mathrm{A}$										

平均击穿电压(U_B)＿＿＿＿＿

表 8-2　比电阻测定记录表

指　　　标	尘样 1	尘样 2	尘样 3
U/V			
I/A			
$\rho/(\Omega\cdot\mathrm{cm})$			

平均比电阻($\bar{\rho}$)＝＿＿＿＿＿

六、实验结果讨论

(1) 本实验采用的方法仅适合比电阻超过 1×10^7 Ω·cm 的粉尘。假如仍用这种方法测量 1×10^6 Ω·cm 以下的粉尘比电阻,可能遇到什么困难?

(2) 假如先将待测粉尘放在较高的温度下烘烤,再让它冷却到规定温度时测量比电阻,是否得到按本实验指定程序测得的同样结果?

(曾汉侯)

颗粒物排放浓度的在线监测

一、实验意义和目的

为了测量烟道向大气环境排放的颗粒物总量,需要连续监测烟道内的颗粒物浓度。根据颗粒物的浓度、流速、烟道的口径以及时间,就可以计算出排放到大气的颗粒物总量。利用光学法连续监测颗粒物排放浓度是重要的环境监测手段之一。通过本实验,学生应该了解光学法连续监测烟道内颗粒物排放浓度的原理和方法。

二、实 验 原 理

颗粒物浓度的测量一般采用光学跨烟道式或单端式监测技术。跨烟道式监测方式是指光源与接收器分别安装在烟道的对称两侧,或安装在同一侧但由对

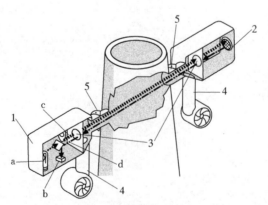

图 9-1　跨烟道式光学法测量颗粒物浓度
1. 测量头(a. 光源;b. 传感器;c. 入射光;d. 出射光);
2. 三垂面反射镜;3. 镜头;4. 吹扫风机;5. 固定法兰盘

面的三垂面反射镜把光束原路返回,如图9-1所示。传感器b所接收的光是被粒子衰减后的平均光强,粒子数浓度越高,衰减能力就越强,传感器所接收的光就越弱。把入射光强I_{in}和衰减后的出射光强I_{out}代入Lambert-Beer公式就可以计算颗粒物的质量浓度ρ,即:

$$\rho = \alpha \lg \left(\frac{I_{in}}{I_{out}} \right) \tag{9-1}$$

式中:α——一个与颗粒物粒度分布和颜色有关的常数。

图9-1中的4为吹扫风机,它的作用是把外界的空气过滤后吹到镜头上,并吹到烟道内,以防止颗粒物污染光学镜头。

此方法的特点是测量原理简单,充分利用了直径沿途上的颗粒物浓度信息。它的缺点是:① 镜头污染影响测量结果;② 安装时需要精确调整光路,以保证光束全部射向对面的反射镜;③ 烟道的振动或季节变化所引起的烟道变形会使光束偏离反射镜。

单端式监测方式是指探测器所接收的光为颗粒物所散射的光,如图9-2所示。激光二极管1发出红外光经透镜2准直后穿过转向了棱镜3射入烟道气流中。由于颗粒物对光的散射,一部分散射光将通过物镜4汇聚到光探测器5的敏感面上。显然,粒子数浓度越高,所接收的散射光就越强。理论和实验证明,浓度ρ与散射光平均值I_m呈线性关系,即:

$$\rho = \beta \cdot I_m \tag{9-2}$$

式中:β——一个与颗粒物粒度分布和颜色有关的常数。

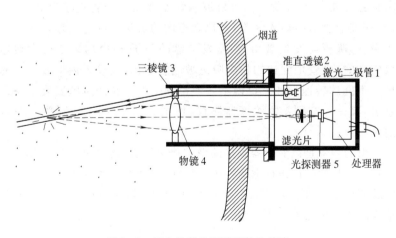

图9-2　后向散射法测量颗粒物浓度

相对于跨烟道式而言,尽管单端插入式监测装置是单点测量,但有显著优点,包括安装简单、不怕烟道振动和烟道变形。但镜头污染也会使测量结果产生较大误差,另外粒子颜色变化也会导致测量误差。

上述两种方法存在一个共同的缺陷,即镜头污染对浓度测量结果有显著影响,其原因是:当光学镜头被烟尘污染后,其透光率下降,探测器所感知的平均光强减小。探测器无法辨别是被测烟尘造成的还是镜头污染引起的。

采用特殊的信号处理方法可以避免镜头污染和颗粒物颜色变化带来的误差。光探测器输出的信号实际上是有许许多多的光脉冲叠加而得到的。每个光脉冲是由一个颗粒物的散射所致。所以探测器的输出信号实际上是一个像噪声一样的信号。理论和实验证明,用这个噪声信号平均值的平方,除以其方差(交流有效值),其商正比于颗粒物的浓度,即:

$$\rho = \eta \cdot \frac{I_{m}^{2}}{I_{rms}} \tag{9-3}$$

式中:η——一个与颗粒物粒度分布和颜色有关的常数。

从上式看出,如果光学镜头被污染而造成光强衰减,则光探测器输出的支流成分和交流成分同时按相同的比例降低,即 I_{m}^{2} 和 I_{rms} 同比例减小,结果相互抵消,不影响测量结果。

三、实验装置和仪器

实验装置如图 9-3 所示。有机玻璃管安装在一个袋式除尘器上,除尘器工作时,在玻璃管道内形成气流,模拟烟道内的流场。在有机玻璃管入口处安装一个吸管,吸管与发尘盘相连接,发尘盘的 V 形槽内均匀地放满粉尘。当发尘盘转动时,吸管把到达的粉尘吸进玻璃管道内,在管道内形成一定的颗粒物浓度。不同的转速导致管道内不同颗粒物浓度。在测量区安装了一段水平玻璃管道,其一端与颗粒物浓度监测仪(按图 9-2 所示原理制造)相连,另一端密封。

实验用的粉尘是以除尘器收集的微粒作为原料,经研磨、筛分、烘干后而得到的微粒。微粒的粒度由标准筛控制,微粒的质量由天平称量。

实验所用的主要仪器有:① 示波器,1 台;② 数字万用表,2 个。测量烟气含尘浓度的其他仪器参见实验四。

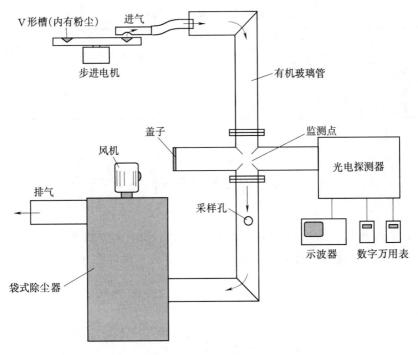

图 9-3　实验装置和仪器

四、实验方法和步骤

（1）打开示波器电源，把万用表放在电压测量挡上。

（2）打开颗粒物浓度监测仪的电源开关。

（3）给发尘盘上的 V 形槽均匀地铺满粉尘，让发尘盘的步进电机处于第一挡转速。

（4）打开除尘器的电源开关，玻璃管道内形成空气流场。

（5）用示波器观察玻璃管道内由颗粒物所引起的光信号变化。

（6）用万用表测量平均光强 I_m 和光信号的交流有效值 I_{rms}，并记录。

（7）在采样孔测量烟气含尘浓度，具体方法参见实验四。

（8）分别把发尘盘转速调在第二挡和第三挡，并记录含尘浓度和电压值，把测量结果记录在表 9-1 中。

表 9-1　数据记录表格

发尘盘转速	颗粒物浓度/ (mg·m^{-3})	平均光强 I_m（电压读数）	光强方差值 I_{rms}（电压读数）	I_m^2/I_{rms}
第一挡				
第二挡				
第三挡				

五、实验结果讨论

（1）画出实际浓度与平均光强的关系曲线，计算比例常数 β。

（2）画出实际浓度与 I_m^2/I_{rms} 的关系曲线，计算比例常数 η。

（陈安世）

实 验 十

隧道实验法测定交通源颗粒物排放因子

一、实验意义和目的

机动车污染排放特征调查和建立污染物排放清单,是开展机动车排放控制的一项基础工作。机动车排放因子的确定,是建立排放清单的关键。确定排放因子的方法有很多种,其中公路隧道实验法近年来得到了有效的应用。

通过本实验,学习隧道实验法测定交通源颗粒物排放因子的方法,了解交通流量和道路边大气污染物浓度的相关性,掌握颗粒物滤膜采样的基本操作步骤。

二、实 验 原 理

在交通隧道内,通过监测过往隧道的机动车排入隧道内的污染物浓度分布和隧道内风速等环境和气象要素,再经过计算,可以得出在一定机动车组成和流量下污染物的污染状况和排放因子。

公路隧道实验中的调查和实验方法对取得有代表性的资料至关重要。首先需对隧道的自然条件进行详细调查,隧道选取的主要条件包括:隧道尽可能长,平坦且直,坡度和弯度较小,隧道内为单向通车;同时,隧道与外界连通的通风口尽可能少。其次,对机动车数量和类型的调查是另一个关键环节。机动车组成应具有代表性,机动车流量应尽可能大。但是,在不同的实验中,各种机动车所占比例的变化范围应该尽可能大,车速要有一定幅度的变化。选择可以反映交通源污染的污染物并进行监测,可以全面反映隧道内的污染状况和污染特征。此外,隧道内风速、温度、湿度等气象因素也会影响交通源污染物的污染状况和污染特性,因此也要进行相应的监测。而隧道中能见度的监测不仅能反映隧道本身的交通条件和状况,还能在一定程度上反映交通源污染对隧道内空气质量的影响。

计算机动车排放污染物的排放因子是隧道实验的关键和核心。为了准确计算排放因子,首先应对一定时间内进出隧道的污染物进行质量平衡计算。其基本原理是将隧道看成一个理想的圆柱状活塞,在一定时间内活塞进出口的污染物浓度与通风量乘积之差等于通过隧道的机动车污染物的总排放质量:

$$M = \sum_i (\rho_2 \times V_2)_i - \sum_j (\rho_1 \times V_1)_j \qquad (10-1)$$

式中:M——隧道内在一定时间内机动车排放某种污染物的总质量,g;

ρ_1,ρ_2——隧道入口和出口该污染物的浓度,g/m³;

V_1,V_2——隧道入口和出口空气的流通体积,m³;

i,j——隧道的出口和入口个数。

在一般情况下,隧道的入口和出口应尽可能少,最好是只有一个入口和出口,即 i 和 j 均为 1,这样可以减少监测点的数目,并使计算结果准确。如果在进行实验期间隧道内通过风机换风,还必须记录风机的开启时间和通风量,同时应在风机的入口布设监测点,也就是说将风机当成一个出口,否则将对测定和计算造成偏差。对于所监测的污染物,通常情况下不考虑其沉降和发生化学变化造成的浓度差别。

在得到机动车排放污染物的总质量后,可以利用以下公式计算机动车的平均排放因子:

$$Q = M/(N \times L) \qquad (10-2)$$

式中:Q——机动车排放污染物的排放因子,g/(km·辆);

N——计算时间内通过隧道的机动车总数量,辆;

L——隧道的总长度,km。

本实验测定机动车的颗粒物排放因子,包括总悬浮颗粒物(TSP,粒径<100 μm)、可吸入颗粒物(PM₁₀,粒径<10 μm)和细粒子(PM₂.₅,粒径<2.5 μm)。环境大气中 TSP、PM₁₀ 和 PM₂.₅ 的采样和分析方法参见实验一。

三、实验装置和仪器

(1) 中流量大气颗粒物采集装置:3 台,采样器工作点流量为 0.10 m³/min,采集 TSP 的采样器应符合 HYQ1.1—89《总悬浮颗粒物采样器技术要求(暂行)》的规定,采集 PM₁₀ 的采样器应符合 HJ/T93—2003《PM₁₀ 采样器技术要求及检测方法》的规定。

（2）$PM_{2.5}$采集装置：3套，采用美国环保局的标准WINS（Well Impactor 96）冲击式采样头，或者美国R&P公司的旋风式切割头，工作流量为16.7 L/min。

（3）采样滤膜：若干，采集TSP和PM_{10}用玻璃纤维滤膜或Teflon（聚四氟乙烯）膜，采集$PM_{2.5}$用Teflon膜。

（4）计数器：若干。

（5）分析天平：1台，置于恒温恒湿称重室内，分度值0.001 mg。

（6）气象仪：3套，测风速、温度、湿度等。

四、实验方法和步骤

1. 准备工作

在进行隧道实验前，清扫隧道以减少交通扬尘对监测的影响，在实验期间，隧道内通风设备停止使用，以减少隧道内空气扰动对实验的影响。

2. 监测布点

在隧道内和隧道外设置监测点和调查点。在隧道中设置2个监测点，其中在洞内距离机动车入口1/2洞长处（指与隧道的入口处的距离占隧道总长度的1/2）和3/4洞长处（指与隧道的入口处的距离占隧道总长度的3/4）各设置一个监测点，以监测洞内各种污染物的浓度，同时监测气象因子和能见度数据。在机动车入口的洞外另设立一个监测点，以监测各种污染物的环境本底浓度。

3. 车流量观测

为了准确地掌握隧道内各种机动车的行驶流量和状况，必须对通过隧道的机动车进行类型划分。通常可划分为如下六种车型：轿车、轻型车、中型车、重型车、摩托车和其他车辆。用计数器进行车流量的观测，每个小时的有效观测时间不得少于20 min。

4. 颗粒物监测

使用中流量大气颗粒物采集装置分别采集TSP、PM_{10}和$PM_{2.5}$的滤膜样品。采集滤膜为Teflon膜，样品采集前后通过精确称量得出质量差，根据采样体积计算出平均质量浓度。滤膜样品采集和称重的操作步骤同实验一中"环境空气中TSP浓度的测定——重量法"。

5. 气象观测

观测期间测定主要观测地点的温度、湿度、气压、风向和风速，以进行气态污染物和大气颗粒物浓度计算时的体积校正。同时，可以通过风速测定结果，计算隧道内的换气量。用三杯风向风速仪观测隧道内的风向和风速;用温湿度计测量隧道内温度和湿度;用气压计测量气压。

五、实验数据记录与处理

表 10-1　车流量观测结果记录表

实验地点:＿＿＿＿＿＿＿＿　实验人员:＿＿＿＿＿＿＿＿　实验日期:＿＿＿＿＿＿＿＿

实验开始时间:＿＿＿＿＿＿＿＿＿＿＿　实验结束时间:＿＿＿＿＿＿＿＿＿＿＿

车型	轿车	轻型车	中型车	重型车	摩托车	其他车辆
数量						

表 10-2　气象观测结果记录表

测试点	温度/℃	湿度/%	气压/kPa	风向/(°)	风速/(m·s^{-1})
隧道外					
1/2 洞长					
3/4 洞长					

表 10-3　颗粒物监测结果记录表

测试点	采样流量/(L·min^{-1})	采样时间/min	TSP			PM$_{10}$			PM$_{2.5}$		
			采样前滤膜质量/g	采样后滤膜质量/g	颗粒物浓度/(mg·m^{-3})	采样前滤膜质量/g	采样后滤膜质量/g	颗粒物浓度/(mg·m^{-3})	采样前滤膜质量/g	采样后滤膜质量/g	颗粒物浓度/(mg·m^{-3})
隧道外											
1/2 洞长											
3/4 洞长											

六、实验结果讨论

（1）根据实验数据计算排放因子。
（2）隧道法的适用范围是什么？

（胡京南）

机动车尾气排放的车载测定

一、实验意义和目的

机动车污染物排放特征研究和建立污染物排放清单,是机动车排放控制的一项基础工作。相关的研究方法有很多种,包括实验室台架测试、隧道实验、车载实验和遥感测试等。近年来,随着实际情况下的机动车排放得到更多的关注,车载实验的研究方法有了很大的发展。

本实验的目的是掌握机动车尾气排放车载实验的基本方法,了解测试系统的基本构成和操作步骤。基于车载实验的数据,可以对实际运行条件下与机动车尾气排放相关的重要因素进行分析,并进一步得到不同工况下的机动车排放因子。

二、实验原理

1. 实验系统

机动车排放车载实验主要是采用便携式的工况记录设备和尾气测试仪器,随车获得车辆在路上行驶时的实时数据,从而对运行工况和尾气排放之间的相关性进行分析,并可进一步估算不同工况下的机动车排放因子,比较不同车辆在相同工况下的排放水平差异。

尾气测试是从尾气管进行部分采样,采样气体进入在线分析仪器后得到各种常规污染物的体积分数或质量浓度,包括 HC、CO、NO_x、PM 和 CO_2;此外,为了计算空燃比,尾气中的 O_2 含量也同时进行测量。工况记录设备则通常安装在车辆的前半部分,主要是测量行驶车速和实时油耗,并进行记录。在计算排放因子时,需要根据油耗和空燃比计算出排气量,然后乘以污染物的浓度数据,得到单位时间或里程的排放因子。

实验系统的示意图如图 11-1 所示。

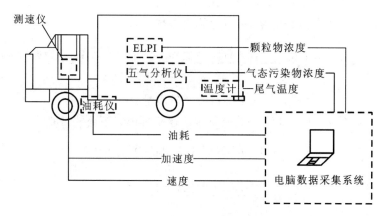

图 11-1　机动车排放车载实验系统

各种测试仪器的原理如下：
(1) 测速仪：多普勒原理微波传感器。
(2) 油耗仪：液体流量计。
(3) 五气分析仪：HC、CO、CO_2——不分光红外法；NO_x、O_2——电化学法。
(4) ELPI：颗粒物荷电＋空气动力学分级捕集。
(5) 温度计：热电偶。

2. 计算汽油车的排放因子

由于汽车发动机排出的尾气中含有一定的水蒸气，因此实际排气都处于湿基状态，基于燃油消耗速率和空燃比的间接计算方法也应当基于湿基浓度，而单纯基于燃油消耗速率的方法并不受此影响。用五气分析仪测量机动车尾气中各组分的浓度时，为了避免水蒸气的干扰，要利用冷却过滤装置先除去其中的水蒸气，使样气处于干基状态，然后进入分析腔，所以五气分析仪实际测得的浓度为干基浓度，因此在计算时还需先将其转化为湿基浓度，转换公式如下：

$$X_w = X_d \times K \tag{11-1}$$

式中：X_w——任一组分在湿尾气中的浓度；

　　X_d——该组分在干尾气中的浓度；

　　K——干湿基转换系数，由以下公式得到：

$$K = \frac{1}{1 + 0.5 \times (\varphi_{CO_d} + \varphi_{CO_2 d}) \times y - \varphi_{H_2 d}} \tag{11-2}$$

其中：

$$\varphi_{H_2 d} = \frac{0.5 \times y \times \varphi_{CO_d} \times (\varphi_{CO_d} + \varphi_{CO_2 d})}{\varphi_{CO_d} + 3 \times \varphi_{CO_2 d}} \tag{11-3}$$

式中:φ——尾气中各组分的体积分数;

  y——燃料组成中 H、C 原子比。

利用尾气组分分析结果,可以计算出空燃比:

$$\frac{A}{F} = 4.773\left(\frac{M_a}{M_f}\right)\frac{\varphi_{CO_2w} + \varphi_{COw}/2 + \varphi_{H_2Ow} + \varphi_{NOw}/2 + \varphi_{NO_2w} + \varphi_{O_2w}}{\varphi_{HCw} + \varphi_{COw} + \varphi_{CO_2w}} \quad (11-4)$$

式中:M_a,M_f——分别为空气与燃料的摩尔质量。

则 HC、CO、NO_x 和 CO_2 的质量排放速率可由以下公式计算:

$$E_{HC} = \frac{FUEL \times (1 + A/F) \times M_{HC} \times \varphi_{HCw}}{M_e} \quad (11-5)$$

$$E_{CO} = \frac{FUEL \times (1 + A/F) \times M_{CO} \times \varphi_{COw}}{M_e} \quad (11-6)$$

$$E_{NO_x} = \frac{FUEL \times (1 + A/F) \times M_{NO_x} \times \varphi_{NO_xw}}{M_e} \quad (11-7)$$

$$E_{CO_2} = \frac{FUEL \times (1 + A/F) \times M_{CO_2} \times \varphi_{CO_2w}}{M_e} \quad (11-8)$$

$$E_{PM} = \frac{FUEL \times (1 + A/F) \times R \times \rho_{PM}}{M_e} \quad (11-9)$$

式中:FUEL——燃料消耗速率,g/h;

  φ——尾气中各气体组分的体积分数;

  ρ_{PM}——尾气中颗粒物浓度,g/m^3;

  M_{HC}、M_{CO}、M_{NO_x} 和 M_{CO_2}——分别为尾气排放的 HC、CO、NO_x 和 CO_2 的摩尔质量(尾气排放的碳氢化合物组分基于单个碳原子可近似为 CH_2,因此 M_{HC} 为 14.03 g/mol;在工况法测试中,NO_x 的质量均以 NO_2 计,因此 M_{NO_x} 取为 NO_2 的摩尔质量,即 46.01 g/mol);

  R——尾气温度下的理想气体摩尔体积,由于机动车的尾气温度不是恒定值,可取一个平均值或中位值进行计算;

  M_e——湿尾气的平均摩尔质量,利用以下公式计算:

$$M_e = M_{HC} \times \varphi_{HCw} + M_{CO} \times \varphi_{COw} + M_{CO_2} \times \varphi_{CO_2w} + M_{NO_x} \times \varphi_{NO_xw} +$$
$$M_{O_2} \times \varphi_{O_2w} + M_{H_2} \times \varphi_{H_2w} + M_{H_2O} \times (1-K) + M_{N_2} \times [1 - \varphi_{HCw} - \varphi_{COw} - \quad (11-10)$$
$$\varphi_{CO_2w} - \varphi_{NO_xw} - \varphi_{O_2w} - \varphi_{H_2w} - (1-K)]$$

式中:各参数意义与上面相同,M_{O_2} 和 M_{N_2} 分别为 O_2 和 N_2 的摩尔质量。

根据机动车单位时间内污染物的质量排放速率 E 和单位时间内行驶里程(即速度 v),即可得到机动车单位行驶里程的排放量,即常用的基于距离的排放因子 EF，计算公式如下：

$$EF_X = \frac{E_X}{v} \qquad (11-11)$$

式中：X——尾气中的各组分。

由于柴油车的尾气排放中含有较多炭黑(soot)，排放因子的计算比汽油车复杂，对于车载实验而言，目前还处于初步研究阶段，本实验暂不讨论。

三、实验仪器和装置

（1）测速仪：1 台。本实验推荐使用 CORRSYS – DATRON 公司的 MicroStar测速仪，各项参数如下：

项　　目	速　　　　　度	路　　程
测量范围	0.5～400 km/h	—
精确度	<1%(50 km/h 以下时为<0.5%)	<0.5%(>200 m)

（2）油耗仪：1 台。本实验推荐使用 CORRSYS–DATRON 公司的 DFL－1/2 油耗仪，各项参数如下：

项　　目	测量单位	输　　出	测量范围	测量精度
指标	0.333 cm³	1500 脉冲/cm³	0.5～60 L/h	±0.5%

（3）五气分析仪：1 台，备用采样气塑封滤芯若干。本实验推荐使用奥地利 AVL 公司的 Digas 4000 light 五气分析仪，各项参数如下：

测量项目	测量范围(体积分数)	精确度
CO	0%～10%	0.01%
CO_2	0%～20%	0.1%
HC	$0～2000×10^{-6}$	10^{-6}
O_2	4%～22%	0.1%
NO	$0～4000×10^{-6}$	10^{-6}

（4）ELPI：主机 1 台，真空泵 1 台，等比例微型稀释器 2 只，加热器和控制设备 1 套，保温套和控制设备 1 套。本实验推荐使用芬兰 Dekati 公司的 Electrical Low Pressure Impactor(ELPI)颗粒物分析仪，其基本参数可参见实验七。

（5）空压机：1 台，输出流量在 120 L/min 左右，输出压力大于 2 bar。

(6) 空气过滤器:1 套。

(7) 发电机:1 台,额定输出功率 5 kW,交流 220 V。

(8) 蓄电池:1 只,电压在 12 V 左右。

(9) 热电偶温度计:1 只。

(10) 气路连接软管和密封接头:若干。

(11) 插线板:2 只以上,接头部分要根据发电机有所改动。

(12) 采样铜管:2 根,ϕ12 mm,壁厚 1 mm。

(13) 采样管保温套:2 m。

(14) 车辆尾气套件:1 只,尺寸根据尾气管自行设计加工。

(15) 笔记本电脑:2 台,安装 Windows 2000 系统。

(16) 串行接口转 USB 接口线:若干。

(17) 活动扳手等工具:1 套。

(18) 防震坐垫:1 套。

(19) 秒表:1 只。

(20) 尾气导流管:若干。

四、实验方法和步骤

(1) 测速仪安装:依靠其电磁力,将测速仪安装在车门外侧或车身的其他位置,注意测速仪的下表面(微波发射及接收端面)必须保证水平,且与地面之间不得有其他障碍物。

(2) 油耗仪安装:翻开车前盖,找到机动车的油路系统,断开进口和出口管路的连接,将其分别连接到油耗仪的相应管路上。对于带有回油系统的车辆,还需将回油的进口和出口管路分别接到油耗仪的相应管路上。具体连接方式参见油耗仪的使用手册。

(3) 五气分析仪安装:将尾气采样管插入机动车尾气管内 20～30 cm 深处,并加以固定,五气分析仪放置在后车厢内,底部放置一些防震材料;并注意保证仪器散热、远离电磁设备以及采样管路上的滤芯是可用的。

(4) ELPI 安装:将 ELPI 主机、真空泵、稀释系统、空压机和采样管等根据车辆的具体构造放置在后车厢内,主机底部必须放置防震坐垫,稀释器底部也须放置一些防震材料。参照实验七中的 ELPI 采样分析系统进行安装连接,注意插入机动车尾气管中的采样铜管须放置在尾气套件中部,插入深度为 20～30 cm,并要大于五气分析仪的采样管插入深度,以保证采样口处的流场少受干扰,颗粒物的采样尽量真实可靠。从尾气管到稀释器之间的采样铜管须外包保温套,稀释器和 ELPI 主机之间的连接铜管不用保温,形状和尺寸视仪器的具体放置情况而定,但应尽量减少管路长度。

(5)电源:测速仪和油耗仪的供电由蓄电池提供,将仪器的正负极分别与蓄电池的正负极相接;其他设备的供电均由发电机提供,使用时将发电机置于交流输出状态。

(6)数据采集系统:测速仪和油耗仪由一台笔记本电脑进行数据采集,五气分析仪和 ELPI 颗粒物测试系统由另一台笔记本电脑进行数据采集。数据采集使用仪器自带的在线显示和记录软件,具体操作可参看说明书。

(7)排气管:五气分析仪、ELPI 和发电机都有污染物排放,为保证实验人员的健康,应在这些设备的排气口处安置排气管,将废气排放至开阔的空间。

(8)启动发电机:在将发电机装满汽油以后(一定要注意汽油贮存、运输和倾倒的防火安全,不得在周围点火、吸烟或打手机),启动发电机,然后将输出状态调到"On",注意观察一下输出电压是否在 220 V 左右。

(9)启动 ELPI 颗粒物测试系统:在测试车辆熄火(或是将尾气采样管从尾气管中取出)的状态下,按照实验七中的操作步骤启动 ELPI 颗粒物测试系统,保证一定的预热时间。一级稀释气的加热温度和保温套的温度可设定在 $100\sim200$ ℃之间。

(10)启动五气分析仪:在测试车辆熄火(或是将尾气采样管从尾气管中取出)的状态下,打开五气分析仪,进行检漏和预热过程,进入测试界面。注意保证实验环境的通风,当背景环境中的 HC 浓度低于 20×10^{-6}(体积分数)时,五气分析仪才能正常工作。

(11)启动测速仪和油耗仪:打开电源,启动测试车辆,当油路达到通畅时就可以进行测量。开始测量前注意将油路中的气泡排尽,以保证测量的准确。

(12)响应时间差的测定:在开始正式实验之前,由于工况测试设备、五气分析仪和 ELPI 颗粒物测试系统的响应时间各不相同,需要进行测定。方法是将测试车辆启动,怠速 $1\sim2$ min 后,突然加速,再减速至怠速状态,继续保持怠速 $1\sim2$ min,整个加速和减速过程约在 5 s 左右,保证测速仪、油耗仪、五气分析仪(主要观察 NO 浓度)和 ELPI(主要观察颗粒物的总质量浓度)的测试数据都出现显著的峰值。对照不同设备测试数据的峰值开始点,就可以得出对应的响应时间差。测定可进行几次,或是正式实验前后都进行测定,取其平均值。

(13)正式实验:选择城市及其周边地区不同类型的路段,主要分为高速路、快速路/城市主干道和普通道路三种开展机动车尾气排放的车载实验研究,其中市内路段的测试在时间安排上可以包括白天的高峰小时和非高峰小时,以及夜间的典型时段。实验中尽可能多地记录各种测试设备得到的实时数据,并同时记录测试车辆的各项参数、行驶中的尾气温度、行驶路面的工况等。由于五气分析仪和 ELPI 测试系统连续测试的时间限值,通常一次实验设计在 $15\sim30$ min

比较合适。相同的实验线路和设计参数,至少进行 2 次以上的平行实验。

(14) 实验结束后,在测试车辆熄火(或是将尾气采样管从尾气管中取出)的状态下,将各种测试设备的电源关闭,然后停止发电机。逐一拆卸各测试系统,注意将发电机中的汽油全部倒空后(最好是置于密闭的铁罐中),再将其搬至安全的场所。

五、实 验 记 录

1. 测试车辆的基本参数
   车型:
   车牌:
   发动机号:
   厂牌型号:
   总质量:　　　　　　kg
   核定载质量　　　　　kg
   排量:　　　　　　　L
   登记日期:　　年　　　　月
   行驶里程:　　　　　km

2. 实验设计清单

日期	序列	路线设置	起点(地点,时间)	终点(地点,时间)	一级稀释气温度	备注

3. 响应时间
   ELPI 和测速仪响应时间差:
   五气分析仪和测速仪响应时间差:

4. 行驶路面工况

日期:　　　年　　　月　　　日　　　　　　　　　序列:

地点	红灯(记录怠速时间)	绿灯	上坡	下坡	开始时刻	结束时刻

5. 其他

测试车辆的速度、加速度、油耗、尾气中气态污染物浓度和不同粒径范围的颗粒物浓度等,在线测试数据都存于笔记本电脑中,时间分辨率均为 1 s。

六、数据分析

（1）将速度、尾气中气态污染物浓度和颗粒物总浓度按时间横轴作曲线图,比较分析速度变化和污染物浓度变化之间的关系。

（2）将速度按 2.5 km/h、5 km/h 或 10 km/h 的间隔划分成多个区间,对每个区间内的污染物浓度值取平均,然后以速度为横坐标、污染物浓度为纵坐标作柱状图,分析速度变化和污染物浓度变化之间的关系。

（3）将加速度按 0.1 m/s² 、0.25 m/s² 或 0.5 m/s² 的间隔划分成多个区间,对每个区间内的污染物浓度值取平均,然后以加速度为横坐标、污染物浓度为纵坐标作柱状图,分析速度变化和污染物浓度变化之间的关系。

（4）机动车的特征功率（vehicle specific power,VSP）定义为机动车的瞬时功率与质量的比值。VSP 包含了大部分影响机动车排放的行驶因素,故对于遥感数据分析、功率计数据分析以及排放模型研究有着重要的意义。VSP 值一般包含速度、加速度和坡度等信息,其计算公式如下:

$$VSP = v \cdot [1.1 \times a + 9.81 \times \arctan(\sin G) + 0.132] + 0.000\,302 \times v^3 \qquad (11-12)$$

式中:v——车辆的行驶速度,m/s;

$\quad a$——加速度,m/s²;

$\quad G$——行驶路段的坡度,用弧度表示;

arctan——反正切函数（给出弧度值）。

在计算出测试车辆的 VSP 值后,将 VSP 按 1 kW/t、2.5 kW/t 或 5 kW/t 的间隔划分成多个区间,对每个区间内的油耗数据取平均,然后以 VSP 为横坐标、油耗为纵坐标作柱状图,分析 VSP 变化和油耗变化之间的关系。

（5）将 VSP 按 1 kW/t、2.5 kW/t 或 5 kW/t 的间隔划分成多个区间,对每个区间内的污染物浓度值取平均,然后以 VSP 为横坐标、污染物浓度为纵坐标作柱状图,分析 VSP 变化和污染物浓度变化之间的关系。

（6）将速度按 2.5 km/h、5 km/h 或 10 km/h 的间隔划分成多个区间,再将加速度按 0.1 m/s²、0.25 m/s² 或 0.5 m/s² 的间隔也划分成多个区间,注意划分时保证大部分区间的有效数据个数不要太少。对每个区间内的污染物浓度值取平均,然后以速度为 x 轴、加速度为 y 轴、污染物浓度为 z 轴作三维柱状图,分析速度、加速度的同时变化和污染物浓度变化之间的关系。

（7）将速度和加速度划分成多个区间后，对某个区间（特定工况）的油耗数据、气态污染物浓度和颗粒物浓度按前述公式进行计算，得到特定工况下的机动车排放因子。比较分析同一辆车在不同工况下的排放因子。

（8）如果实验中对多辆车进行了测试，则按上述方法计算不同车辆在同一特定工况下的排放因子，比较它们的差异，并分析主要是什么原因导致了这些差异。

七、实验结果讨论

（1）在测定不同测试系统之间的响应时间差时，为什么不取各组数据的波峰最高点作为对应的依据，而是取波峰的起始点？

（2）为什么对于炭黑（soot）排放较多的柴油车，计算排放因子较为复杂？炭黑主要对哪一部分的计算有不能忽略的影响？

（3）除了上面提到的各种因素以外，你认为对于同一辆车而言，其在行驶过程中的尾气排放还可能受到哪些因素的影响？

（胡京南）

实验十二

旋风除尘器性能测定

一、实验意义和目的

通过实验掌握旋风除尘器性能测定的主要内容和方法,并且对影响旋风除尘器性能的主要因素有较全面的了解,同时掌握旋风除尘器入口风速与阻力、全效率、分级效率之间的关系以及入口浓度对除尘器除尘效率的影响。作为选做实验,通过对分级效率的测定与计算,进一步了解粉尘粒径大小等因素对旋风除尘器效率的影响并熟悉除尘器的应用条件。

二、实 验 原 理

1. 空气状态参数的测定

旋风除尘器的性能通常是以标准状态($p = 1.013 \times 10^5$ Pa, $T = 273$ K)来表示的。空气状态参数决定了空气所处的状态,因此可以通过测定烟气状态参数,将实际运行状态的空气换算成标准状态的空气,以便于互相比较。

烟气状态参数包括空气的温度、密度、相对湿度和大气压力。

烟气的温度和相对湿度可用干湿球温度计直接测得;大气压力由大气压力计测得;干烟气密度由下式计算:

$$\rho_g = \frac{p}{R \cdot T} = \frac{p}{287 \cdot T} \qquad (12-1)$$

式中:ρ_g——烟气密度,kg/m^3;

p——大气压力,Pa;

T——烟气温度,K。

实验过程中,要求烟气相对湿度不大于 75%。

2. 除尘器处理风量的测定和计算

由于含尘浓度较高和气流不太稳定的管道内,用毕托管测定风量有一定困难,为了克服管内动压不稳定带来的测量误差,本实验采用双扭线集流器测定气体流量。该流量计利用空气动压能够转化成静压的原理,将流量计入口气体动压转化成静压(转化率接近 100%),通过测定其静压换算成管内气体动压,从而确定管内气体流速和流量。另外,气体静压比较稳定而且有自平均作用,因而测量结果比较稳定、可靠。流量计的流量系数(φ)由实验方法测定,通常近似于 1。

$$\varphi = \frac{p'_{d}}{|p_{s}|} \qquad (12-2)$$

式中:p'_{d}——用毕托管测量的管道截面平均动压,Pa;

$|p_{s}|$——双扭线集流器的静压值,Pa。

管内气体流速:

$$v_{1} = \sqrt{\frac{2}{\rho} |p_{s}| \varphi} \qquad (12-3)$$

式中:ρ——管道中的气体密度,kg/m³。

除尘器处理风量:

$$Q = F_{1} \cdot v_{1} \qquad (12-4)$$

式中:F_{1}——烟气管道截面积,m²。

除尘器入口流速按下式计算:

$$v_{2} = Q/F_{2} \qquad (12-5)$$

式中:F_{2}——除尘器入口面积,m²。

3. 除尘器阻力的测定和计算

由于实验装置中除尘器进出口管径相同,故除尘器阻力可用 B、C 两点(见实验装置图 12-1)静压差(扣除管道沿程阻力与局部阻力)求得:

$$\Delta p = \Delta H - \Sigma \Delta h = \Delta H - (R_{L} \cdot l + \Delta p_{m}) \qquad (12-6)$$

式中:Δp——除尘器阻力,Pa;

ΔH——前后测量断面上的静压差,Pa;

$\Sigma \Delta h$——测点断面之间系统阻力,Pa;

R_{L}——比摩阻,Pa/m;

l——管道长度,m;

Δp_{m}——异形接头的局部阻力,Pa。

将 Δp 换算成标准状态下的阻力 Δp_N：

$$\Delta p_N = \Delta p \cdot \frac{T}{T_N} \cdot \frac{p_N}{p} \qquad (12-7)$$

式中：T_N 和 T——标准和实验状态下的空气温度，K；

p_N 和 p——标准和实验状态下的空气压力，Pa；

除尘器阻力系数按下式计算：

$$\xi = \frac{\Delta p_N}{p_{dl}} \qquad (12-8)$$

式中：ξ——除尘器阻力系数，无因次；

Δp_N——除尘器阻力，Pa；

p_{dl}——除尘器内入口截面处动压，Pa。

4. 除尘器进、出口浓度计算

$$\rho_j = \frac{G_j}{Q_j \cdot \tau} \qquad (12-9)$$

$$\rho_z = \frac{G_j - G_s}{Q_z \cdot \tau} \qquad (12-10)$$

式中：ρ_j 和 ρ_z——除尘器进口、出口的气体含尘浓度，g/m³；

G_j 和 G_s——发尘量与除尘量，g；

Q_j 和 Q_z——除尘器进口、出口烟气量，m³/s；

τ——发尘时间，s。

5. 除尘效率计算

$$\eta = \frac{G_s}{G_j} \times 100\% \qquad (12-11)$$

式中：η——除尘效率，%。

6. 分级效率计算

$$\eta_i = \eta \frac{g_{si}}{g_{ji}} \times 100\% \qquad (12-12)$$

式中：η_i——粉尘某一粒径范围的分级效率，%；

g_{si}——收尘中某一粒径范围的质量分数，%；

g_{ji}——发尘中某一粒径范围的质量分数，%。

三、实验装置和仪器

1. 装置与流程

本实验装置如图 12-1 所示。含尘气体通过旋风除尘器将粉尘从气体中分离,净化后的气体由风机经过排气管排入大气。所需含尘气体浓度由发尘装置配置。

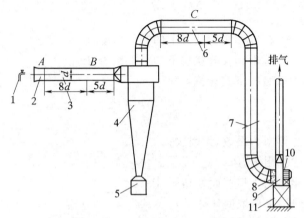

图 12-1 旋风除尘器性能测定实验装置

1. 发尘装置;2. 双扭线集流器;3. 进气管;4. 旋风除尘器;5. 灰斗;6. 排气管;
7. 调节阀;8. 软接头;9. 风机;10. 电机;11. 支架

2. 仪器

(1) 倾斜微压计:YYT-2000 型,2 台。

(2) U 形管压差计:500~1000 mm,2 个。

(3) 毕托管:2 支。

(4) 烟尘采样管:1 支。

(5) 烟尘浓度测试仪:1 台。

(6) 干湿球温度计:1 支。

(7) 空盒气压计:DYM-3,1 台。

(8) 分析天平:分度值 0.0001 g,1 台。

(9) 托盘天平:分度值 1 g,1 台。

(10) 秒表:2 块。

(11) 钢卷尺:2 个。

(12) 超细玻璃纤维无胶滤筒:20 个。

(13) 级联式冲击器(选做实验):1 套。

四、实验方法和步骤

1. 除尘器处理风量的测定

(1) 测定室内空气干、湿球温度和相对湿度及空气压力,按式(12-1)计算管内的气体密度。

（2）启动风机，在管道断面 A 处，利用双扭线集流器和 YYT-2000 倾斜微压计测定该断面的静压，并从倾斜微压计中读出静压值（p_s），按式（12-4）计算管内的气体流量（即除尘器的处理风量），并计算断面的平均动压值（p'_d）。

2. 除尘器阻力的测定

（1）用 U 形压差计测量 B、C 断面间的静压差（ΔH）。

（2）量出 B、C 断面间的直管长度（l）和异形接头的尺寸，求出 B、C 断面间的沿程阻力和局部阻力。

（3）按式（12-6）和式（12-7）计算除尘器的阻力。

3. 除尘效率的测定

（1）通过发尘装置均匀地加入粉尘。由于实验装置中的进气管和排气管尺寸较小，均只取一个采样点（管道中心）（如果实际烟道的尺寸较大，需布置多个采样点，按各点的流量和采样时间逐点采集尘样）。

（2）利用烟尘采样系统分别对除尘器的进口和出口进行采样，具体方法参见实验四。按式（12-11）计算除尘器的全效率（η）。

（3）作为选做实验，利用冲击法测定除尘器进口和出口烟尘的粒径分布，具体方法参见实验五。按式（12-12）计算除尘器的分级效率（η_i）。

4. 不同工况下除尘器性能的测定

改变调节阀开启程度，重复以上实验步骤，确定除尘器各种不同的工况下的性能。

五、实验数据记录与处理

1. 除尘器处理风量的测定

表 12-1　除尘器处理风量测定结果记录表

实验时间_____年_____月_____日

烟气干球温度（t_d）_____℃　　烟气湿球温度（t_w）_____℃

烟气相对湿度（ϕ）_____%　　烟气密度（ρ_g）_____kg/m³

大气压力（p）_____kPa

测定次数	微压计读数			微压计倾斜角系数 K	静压 $p_s=K \cdot \Delta l_g/$ Pa	流量系数 φ	管内流速 $v_1/$ (m·s⁻¹)	风管横截面积 $F_1/$ m²	风量 $Q/$ (m³·h⁻¹)	除尘器进口面积 $F_2/$ m²	除尘器进口气速 $v_2/$ (m·s⁻¹)
	初读 $l_1/$ mm	终读 $l_2/$ mm	实际 $\Delta l=l_2-l_1/$ mm								
1 2 3 ⋮											

2. 除尘器阻力的测定

表 12-2　除尘器阻力测定结果记录表

测定次数	微压计读数			微压计 K 值	B、C 断面间的静压差 ΔH/Pa	比摩阻 R_L	直管长度 l/m	管内平均动压 p_d/Pa	管间的总阻力系数 $\Sigma\xi$	管间的局部阻力 Δp_m/Pa	除尘器阻力 Δp/Pa	除尘器在标准状态下的阻力 Δp_N/Pa	除尘器进口界面处动压 p_{dl}/Pa	除尘器阻力系数 ξ
	初读 l_1/mm	终读 l_2/mm	实际 $\Delta l = l_2 - l_1$/mm											
1 2 3 ⋮														

3. 除尘器效率的测定

表 12-3　除尘器效率测定结果记录表

测定次数	除尘器进口气体含尘浓度						除尘器出口气体含尘浓度						除尘器全效率/%
	采样流量/ (L·min^{-1})	采样时间/ min	采样体积/ L	滤筒初质量/ g	滤筒总质量/ g	粉尘浓度/ (mg· L^{-1})	采样流量/ (L· min^{-1})	采样时间/ min	采样体积/ L	滤筒初质量/ g	滤筒总质量/ g	粉尘浓度/ (mg· L^{-1})	
1 2 3 ⋮													

以除尘器进口气速为横坐标、除尘器全效率为纵坐标,以除尘器进口气速为横坐标、除尘器在标准状态下的阻力为纵坐标,将上述实验结果绘成曲线。

4. 分级效率的测定(选做)

请自行设计数据记录表格。

六、实验结果讨论

(1) 为什么我们采用双扭线集流器流量计测定气体流速,而不采用毕托管?

测定的气速是否为管道内的平均流速？

（2）通过实验,你对旋风除尘器全效率(η)和阻力(Δp)随入口气速的变化规律得出什么结论？它对除尘器的选择和运行使用有何意义？

（3）实验装置和实验方法有无可改进之处？

（袁　辉）

袋式除尘器性能测定

一、实验意义和目的

　　袋式除尘器利用织物过滤含尘气体使粉尘沉积在织物表面上以达到净化气体的目的,它是一种广泛使用的高效除尘器。袋式除尘器的除尘效率和压力损失必须由实验测定。通过本实验,进一步提高学生对袋式除尘器结构形式和除尘机理的认识;掌握袋式除尘器主要性能的实验方法;了解过滤速度对袋式除尘器压力损失及除尘效率的影响。

二、实 验 原 理

　　袋式除尘器性能与其结构形式、滤料种类、清灰方式、粉尘特性及其运行参数等因子有关。本实验是在其结构形式、滤料种类、清灰方式和粉尘特性已定的前提下,测定袋式除尘器的主要性能指标,并在此基础上,测定运行参数 Q、v_F 对袋式除尘器压力损失(Δp)和除尘效率(η)的影响。

(一) 处理气体流量和过滤速度的测定和计算

　　1. 处理气体流量的测定和计算

　　采用动压法测定袋式除尘器处理气体流量(Q),应同时测出除尘器进出口连接管道中的气体流量(参见实验四),取其平均值作为除尘器的处理气体量:

$$Q = \frac{1}{2}(Q_1 + Q_2) \qquad (13-1)$$

式中:Q_1、Q_2——分别为袋式除尘器进、出口连接管道中的气体流量,m^3/s。

　　除尘器漏风率(δ)按下式计算:

$$\delta = \frac{Q_1 - Q_2}{Q_1} \times 100\% \qquad (13-2)$$

一般要求除尘器的漏风率小于±5％。

2. 过滤速度的计算

若袋式除尘器总过滤面积为 F，则其过滤速度 v_F 按下式计算：

$$v_F = \frac{Q_1}{F} \tag{13-3}$$

（二）压力损失的测定和计算

袋式除尘器压力损失（Δp）为除尘器进出口管中气流的平均全压之差。当袋式除尘器进、出口管的断面面积相等时，可采用其进、出口管中气体的平均静压之差计算，即：

$$\Delta p = p_{s1} - p_{s2} \tag{13-4}$$

式中：p_{s1}——袋式除尘器进口管道中气体的平均静压，Pa；

$\qquad p_{s2}$——袋式除尘器出口管道中气体的平均静压，Pa。

袋式除尘器的压力损失与其清灰方式和清灰制度有关。本实验装置采用手动清灰方式，实验应尽量保证在相同的清灰条件下进行。当采用新滤料时，应预先发尘运行一段时间，使新滤料在反复过滤和清灰过程中，残余粉尘基本达到稳定后再开始实验。

考虑到袋式除尘器在运行过程中，其压力损失随运行时间产生一定变化。因此，在测定压力损失时，应每隔一定时间连续测定（一般可考虑 5 次），并取其平均值作为除尘器的压力损失（Δp）。

（三）除尘效率的测定和计算

除尘效率采用质量浓度法测定，即采用等速采样法同时测出除尘器进、出口管道中气流的平均含尘浓度 ρ_1 和 ρ_2，按下式计算：

$$\eta = \left(1 - \frac{\rho_2 Q_2}{\rho_1 Q_1}\right) \times 100\% \tag{13-5}$$

管道中气体含尘浓度的测定和计算方法详见实验四。由于袋式除尘器除尘效率高，除尘器进、出口气体含尘浓度相差较大，为保证测定精度，可在除尘器出口采样中，适当加大采样流量。

（四）压力损失、除尘效率与过滤速度关系的分析测定

为了得到除尘器的 $v_F-\eta$ 和 $v_F-\Delta p$ 的性能曲线，应在除尘器清灰制度和进口气体含尘浓度（ρ_1）相同的条件下，测出除尘器在不同过滤速度（v_F）下的压力损失（Δp）和除尘效率（η）。

过滤速度的调整可通过改变风机入口阀门开度实现，利用动压法测定过滤速度。

保持实验过程中 ρ_1 基本不变。可根据发尘量（S）、发尘时间（τ）和进口气体

流量(Q_1),按下式估算除尘器入口含尘浓度(ρ_1):

$$\rho_1 = \frac{S}{\tau Q_1} \qquad (13-6)$$

三、实验装置和仪器

1. 装置与流程

本实验系统流程如图 13-1 所示。

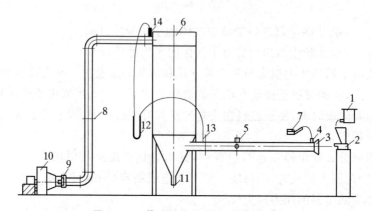

图 13-1　袋式除尘器性能实验流程图

1. 粉尘供给装置;2. 粉尘分散装置;3. 喇叭形均流管;4. 静压测孔;5. 除
尘器进口测定断面;6. 袋式除尘器;7. 倾斜微压计;8. 除尘器出口测定断
面;9. 阀门;10. 风机;11. 灰斗;12. U形管压差计;13. 除尘器进口静压测
孔;14. 除尘器出口静压测孔

本实验选用自行加工的袋式除尘器。该除尘器共 5 条滤带,总过滤面积为
1.3 m^2。实验滤料可选用 208 工业涤纶绒布。本除尘器采用机械振打清灰方
式。

除尘系统入口的喇叭形均流管 3 处的静压测孔 4 用于测定除尘器入口气体
流量,亦可用于在实验过程中连续测定和检测除尘系统的气体流量。

通风机入口前设有阀门 9,用来调节除尘器处理气体流量和过滤速度。

2. 仪器

(1) 干湿球温度计:1 支。

(2) 空盒式气压表:DYM3,1 个。

(3) 钢卷尺:2 个。

（4）U 形管压差计:1 个。

（5）倾斜微压计:YYT-200 型,3 台。

（6）毕托管:2 支。

（7）烟尘采烟管:2 支。

（8）烟尘测试仪:SYC-1 型,2 台。

（9）秒表:2 个。

（10）分析天平:分度值 0.001 g,2 台。

（11）托盘天平:分度值为 1 g,1 台。

（12）干燥器:2 个。

（13）鼓风干燥箱:DF-206 型,1 台。

（14）超细玻璃纤维无胶滤筒:20 个。

四、实验方法和步骤

本实验中有关气体温度、压力、含湿量、流速、流量及其含尘浓度的测定方法及其操作步骤见实验四。

袋式除尘器性能的测定方法和步骤如下:

（1）测量记录室内空气的干球温度(即除尘系统中气体的温度)、湿球温度及相对湿度,计算空气中水蒸气体积分数(即除尘器系统中气体的含湿量)。测量记录当地的大气压力。记录袋式除尘器型号规格、滤料种类、总过滤面积。测量记录除尘器进出口测定断面直径和断面面积,确定测定断面分环数和测点数,做好实验准备工作。

（2）将除尘器进出口断面的静压测孔 13、14 与 U 形管压差计 12 连接。

（3）将发尘工具和称重后的滤筒准备好。

（4）将毕托管、倾斜压力计准备好,待测流速流量用。

（5）清灰。

（6）启动风机和发尘装置,调整好发尘浓度,使实验系统达到稳定。

（7）测量进出口流速和测量进出口的含尘量,进口采样 1 min,出口 5 min。

（8）在采样的同时,每隔一定时间,连续 5 次记录 U 形管压力计的读数,取其平均值近似作为除尘器的压力损失。

（9）隔 15 min 后重复上面测量,共测量 3 次。

（10）停止风机和发尘装置,进行清灰。

（11）改变处理气量,重复步骤(6)~(10)两次。

（12）采样完毕,取出滤筒包好,置入鼓风干燥箱烘干后称重。计算出除尘器进、出口管道中气体含尘浓度和除尘效率。

(13) 实验结束,整理好实验用的仪表、设备。计算、整理实验资料,并填写实验报告。

五、实验数据记录与处理

1. 处理气体流量和过滤速度

按表 13-1 记录和整理数据。按式(13-1)计算除尘器处理气体量,按式(13-2)计算除尘器漏风率,按式(13-3)计算除尘器过滤速度。

表 13-1　除尘器处理风量测定结果记录表

测定日期_____　测定人员_____

除尘器型号规格	除尘器过滤面积 A/m^2	当地大气压力 p/kPa	烟气干球温度/℃	烟气湿球温度/℃	烟气相对湿度 $\phi/\%$	烟气密度 $\rho_g/(kg \cdot m^{-3})$

测定次数	微压计倾斜系数 K	毕托管系数 K_p	除尘器进气管					除尘器排气管					除尘器处理气量 $Q/$ $(m^3 \cdot h^{-1})$	除尘器过滤速度 $v_F/$ $(m \cdot min^{-1})$	除尘器漏风率 $\delta/\%$
			微压计读数 $\Delta l_1/$ mm	静压 $p_{s1}/$ Pa	管内流速 $v_1/$ $(m \cdot s^{-1})$	横截面积 $F_1/$ m^2	风量 $Q_1/$ $(m^3 \cdot h^{-1})$	微压计读数 $\Delta l_2/$ mm	静压 $p_{s2}/$ Pa	管内流速 $v_2/$ $(m \cdot s^{-1})$	横截面积 $F_2/$ m^2	风量 $Q_2/$ $(m^3 \cdot h^{-1})$			
1-1															
1-2															
1-3															
2-1															
2-2															
2-3															
3-1															
3-2															
3-3															

2. 压力损失

按表 13-2 记录整理数据。按式(13-4)计算压力损失,并取 5 次测定数据的平均值(Δp)作为除尘器压力损失。

表 13-2　除尘器压力损失测定记录表

测定次数	每次间隔时间 t/min	静压差测定结果/Pa					除尘器压力损失 Δp/Pa
		1	2	3	4	5	
1-1							
1-2							
1-3							
2-1							
2-2							
2-3							
3-1							
3-2							
3-3							

3. 除尘效率

除尘效率测定数据按表 13-3 记录整理。除尘效率按式(13-5)计算。

表 13-3　除尘器效率测定结果记录表

测定次数	除尘器进口气体含尘浓度						除尘器出口气体含尘浓度						除尘器全效率/%
	采样流量/(L·min^{-1})	采样时间/min	采样体积/L	滤筒初质量/g	滤筒总质量/g	粉尘浓度/(mg·L^{-1})	采样流量/(L·min^{-1})	采样时间/min	采样体积/L	滤筒初质量/g	滤筒总质量/g	粉尘浓度/(mg·L^{-1})	
1-1													
1-2													
1-3													
2-1													
2-2													
2-3													
3-1													
3-2													
3-3													

4. 压力损失、除尘效率和过滤速度的关系

整理 3 组不同 (v_F) 下的 Δp 和 η 资料,绘制 v_F-Δp 和 v_F-η 实验性能曲线,分析过滤速度对袋式除尘器压力损失和除尘效率的影响。对每一组资料,分析在一次清灰周期中,压力损失、除尘效率和过滤速度随过滤时间的变化情况。

六、实验结果讨论

(1) 用发尘量求得的入口含尘浓度和用等速采样法测得的入口含尘浓度，哪个更准确些？为什么？

(2) 测定袋式除尘器压力损失，为什么要固定其清灰制度？为什么要在除尘器稳定运行状态下连续 5 次读数并取其平均值作为除尘器压力损失？

(3) 试根据实验性能曲线 $v_F - \Delta p$ 和 $v_F - \eta$，分析过滤速度对袋式除尘器压力损失和除尘效率的影响。

(4) 总结在一次清灰周期中，压力损失、除尘效率和过滤速度随过滤时间的变化规律。

（张承中）

湿式文丘里除尘器性能测定

一、实验意义和目的

文丘里除尘器利用高速气流雾化产生的液滴捕集颗粒以达到净化气体的目的,它是一种广泛使用的高效除尘器。影响文丘里除尘器性能的因素很多,为了使它在合理的操作条件下达到较高的除尘效率,需通过实验研究各因素影响除尘器性能的规律。

通过本实验,进一步提高对文丘里除尘器结构形式和除尘机理的认识;掌握文丘里除尘器主要性能指标的测定方法;学习湿式除尘器动力消耗的测定方法;了解湿法除尘与干法除尘在除尘器性能测定中的不同实验方法。

二、实 验 原 理

文丘里除尘器性能(处理气体流量、压力损失、除尘效率及喉口速度、液气比、动力消耗等)与其结构形式和运行条件密切相关。本实验是在除尘器结构形式和运行条件已定的前提下,完成除尘器性能的测定。

(一) 处理气体量和喉口速度的测定和计算

1. 处理气体量的测定和计算

测定文丘里除尘器处理气体量,应同时测出除尘器进、出口的气体流量(Q_{G1}、Q_{G2}),取其平均值作为除尘器的处理气体量(Q_G):

$$Q_G = \frac{1}{2}(Q_{G1} + Q_{G2}) \tag{14-1}$$

通常气体流量的测定可以采用动压法。

除尘器漏风率(δ)则按下式计算:

$$\delta = \frac{Q_{G1} - Q_{G2}}{Q_{G1}} \times 100\% \qquad (14-2)$$

当实验系统漏风率小于 5% 时，也可采用静压法测定 Q_G，即根据测得的系统喇叭形入口均流管处平均静压（$|p_s|$），按下式计算：

$$Q_G = \varphi_v A \sqrt{2|p_s|/\rho} \qquad (14-3)$$

式中：φ_v——喇叭形入口均流管的流量系数；

$\qquad A$——测定断面的面积，m^3；

$\qquad \rho$——管道中气体密度，kg/m^3。

对于湿式文丘里除尘器来说，如果雾沫分离器的除雾效率不高，则除尘器出口管道中的残余液滴往往会干扰测定精度。而且，本实验在测定其他项目时，一般需要同时测定记录除尘器处理气体量（Q_G）。此时，采用静压法测定 Q_G 就比动压法更为合适。

2. 喉口速度的测定和计算

文丘里除尘器喉口断面积为 A_T，则其喉口平均气流速度（v_T）为：

$$v_T = Q_G/A_T \qquad (14-4)$$

（二）压力损失的测定和计算

文丘里除尘器压力损失（Δp_G）为除尘器进、出口平均全压差。本实验装置中除尘器进、出口连接管道的断面积相等，故其压力损失可用除尘器进、出口管道中气体的平均静压差（Δp_{s12}）表示，即：

$$\Delta p_G = \Delta p_{s12} - \Sigma \Delta p_i \qquad (14-5)$$

或

$$\Delta p_G = \Delta p_{s12} - (lR_L + \Delta p_m) \qquad (14-6)$$

式中：Δp_G——文丘里除尘器压力损失，Pa；

$\qquad \Delta p_{s12}$——文丘里除尘器进、出口管道中气体的平均静压差，Pa；

$\qquad \Sigma \Delta p_i$——文丘里除尘器系统的管道压力损失之和，Pa；

$\qquad l$——文丘里除尘器系统的管道长度，m；

$\qquad R_L$——单位长度管道的摩擦阻力，即比摩阻，Pa/m；

$\qquad \Delta p_m$——除尘器系统的管道局部阻力，Pa。

应该指出，除尘器压力损失随操作条件变化而改变，本实验的压力损失测定应在除尘器稳定运行（v_T、液气比 L 保持不变）的条件下进行，并同时测定记录 v_T、L 的数据。

（三）耗水量及液气比的测定和计算

文丘里除尘器的耗水量（Q_L）可通过设在除尘器进水管上的流量计直接读

得。在同时测得除尘器处理气体量(Q_G)后,即可由下式直接求出液气比(L):

$$L = Q_L / Q_G \tag{14-7}$$

(四)除尘效率的测定和计算

文丘里除尘器除尘效率(η)的测定亦应在除尘器稳定运行的条件下进行,并同时记录 v_T、L 等操作指标。

文丘里除尘器的除尘效率常用质量浓度法测定,即在除尘器进、出口测定断面上,用等速采样法同时测出气流含尘浓度,并按下式计算:

$$\eta = \left(1 - \frac{\rho_2 Q_{G2}}{\rho_1 Q_{G1}}\right) \times 100\% \tag{14-8}$$

式中:ρ_1、ρ_2——分别为文丘里除尘器进、出口气流含尘浓度,g/m^3。

考虑到雾沫分离器不可能收集全部液滴,文丘里除尘器出口气体中水分含量一般偏高,故在进、出口测定断面同时采样时,宜使用湿式冲击瓶(参看图14-2)作为集尘装置。

(五)除尘器动力消耗的测定和计算

文丘里除尘器动力消耗(E)等于通过除尘器气体的动力消耗与加入液体的动力消耗之和,计算式如下:

$$E(kW \cdot h/1000\ m^3\ 气体) = \frac{1}{3\,600}\left(\Delta p_G + \Delta p_L \frac{Q_L}{Q_G}\right) \tag{14-9}$$

式中:Δp_G——通过文丘里除尘器气体的压力损失,Pa(3 600 Pa=1 kW·h/1000 m³ 气体);

Δp_L——加入除尘器液体的压力损失,即供水压力,Pa;

Q_L——文丘里除尘器耗水量,m^3/s;

Q_G——文丘里除尘器处理气体量,m^3/s。

上式中所列的 Δp_G、Δp_L、Q_L、Q_G 已在实验中测得。因此,只要在除尘器进水管上的压力表读得 Δp_L,便可按式(14-9)计算除尘器动力消耗(E)。

应当注意的是,由于操作指标 v_T、L 对动力消耗(E)影响很大,所以本实验所测得的动力消耗(E)是针对某一操作状况而言的。

三、实验装置和仪器

1. 装置与流程

文丘里除尘器性能实验装置与流程如图14-1所示。其主要由文丘里除尘器6、旋风雾沫分离器7、粉尘定量供给装置1、粉尘分散装置2、通风机11、水泵12和管道及其附件所组成。

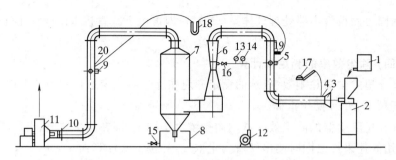

图 14-1　文丘里除尘器性能实验装置与流程图

1. 粉尘定量供给装置；2. 粉尘分散装置；3. 喇叭形均流管；4. 均流管处静压测孔；5. 除尘器进口测定断面 1；6. 文丘里除尘器；7. 旋风雾沫分离器；8. 水槽；9. 除尘器出口测定断面 2；10. 调节阀；11. 通风机；12. 水泵；13. 流量计；14. 水压表；15. 排污阀；16. 供水调节阀；17. 倾斜微压计；18. U 形管压差计；19. 除尘器进口管道静压测孔；20. 除尘器出口管道静压测孔

粉尘定量供给装置 1 可采用 ZGP-ϕ200 微量盘式给料机，粉尘流量调节主要通过改变刮板半径位置及圆盘转速而实现定量加料。

粉尘分散装置 2 可采用快乐牌吹尘器(VC-40)或压缩空气作为动力，将装置 1 定量供给的粉尘试样分散到进气中。

通风机 11 是实验系统的动力装置，由于文丘里除尘压力损失较大，本实验宜选用 9-27-12 型高压离心通风机。水泵 12 是供水系统的动力装置，本实验可选用 IS50-32-125A 型离心水泵。

实验系统入口喇叭形均流管 3 要求加工平滑，并预先测得其流量系数(φ_v)。在系统入口喇叭形均流管管壁上开有静压测孔 4，可用于连续测量和监控除尘器入口气体流量。

文丘里除尘器由文丘里凝聚器 6 和旋风雾沫分离器 7 组成。由于目前尚无标准系列设计，可根据文丘里除尘器结构设计的一般规定以及实验的具体要求，自行设计、加工。

除尘器进、出口连接管道宜采用相同的管径，以便采用静压法测定气体流量。除尘器处理量是通过调整通风机入口前阀门 10 的开度而进行调节的。除尘器供水调节阀 16 为内螺纹暗杆闸阀(Z15T-10K)，Dg32。水槽排污阀为 Z44H-16 快速排污阀，Dg50。

2. 仪器

(1) 干湿球温度计：1 个。

(2) 空盒式空气表：DYM-3 型，1 个。

(3) 钢卷尺：2 个。

(4) U 形管压差计：1 个。

(5) 倾斜式微压计:YYT-200 型,3 台。

(6) 毕托管:2 支。

(7) 烟尘采样管:2 支。

(8) 烟尘测试仪:SYC-1 型,2 台。

(9) 湿式冲击瓶:2 个。

(10) 旋片式真空泵:2XZ-2 型,2 个。

(11) 秒表:2 个。

(12) 分析天平:分度值 1/10 000 g,1 台。

(13) 托盘天平:分度值 1 g,1 台。

(14) 鼓风干燥箱:DF-206 型,1 台。

(15) 干燥器:2 个。

(16) 弹簧压力表:Y-60TQ 型,1 支。

(17) 转子流量计:LZB-50 型,1 支。

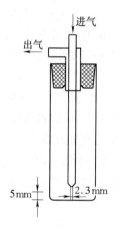

图 14-2　湿式冲击瓶结构图

湿式冲击瓶通常使用蒸馏水收集尘粒物质。其结构如图 14-2 所示。冲击瓶管嘴直径为 2.3 mm,管嘴末端同瓶底间的空隙约为 5 mm。冲击瓶容积是 300 mL,通常放入 75~125 mL 蒸馏水。当含尘气流通过接近瓶底部的玻璃管时,可冲击到瓶底,形成许多小气泡,尘粒由于运动方向的改变及同液体的接触而被捕集下来。

气体温度、压力、含湿量、流速、流量以及含尘浓度测定的实验装置可参看实验四。

四、实验方法和步骤

本实验中有关气体的温度、压力、含湿量、流速、流量以及含尘浓度的测定方法和具体操作步骤请参看实验四。

文丘里除尘器性能测定的实验方法和步骤如下:

(1) 测量记录室内空气的干球温度(即除尘系统中气体的温度)、湿球温度和相对湿度,计算空气中水蒸气体积分数(即除尘系统中气体的含湿量);测量记录当地大气压力;测量记录文丘里除尘器进、出口测定断面直径和喉管直径;确定测定断面分环数和测点数(见实验四),做好实验准备工作。

(2) 将除尘器进、出口测定断面的静压测孔 19、20 与 U 形管压差计 18 连接;将除尘系统入口喇叭形均流管处静压测孔 4 与倾斜式微压计 17 连接,记录均流管流量系数(φ_v),做好各断面气体静压的测定准备。

(3) 启动风机,调整风机入口阀门 10,使之达到实验所需的气体流量,并固定阀门 10。

(4) 测量气体流量。在除尘器进、出口测定断面 5 和 9 同时测量记录各测点的气流动压、断面平均静压及入口均流管 3 处气流的静压($|p_s|$)。关闭风机。

(5) 计算各测点气流速度、各断面平均气流速度、除尘器处理气体量(Q_G)及其漏风率(δ)和喉口速度(v_T)。

(6) 用托盘天平称好一定量尘样(S),做好发尘准备工作。

(7) 计算各测点所需采样流量和采样时间,做好采样准备,详见有关烟气含尘浓度的测定实验(实验四)。

(8) 启动风机(此时应保证系统风量与预测流速时相同)。启动水泵,调整调节阀 16 至液气比(L)在 $0.7 \sim 1.0$ L/m^3 范围内。启动发尘装置,按公式(14-7)所示,调整发尘浓度至 $3 \sim 10$ g/m^3,并注意保持实验系统在此条件下稳定运行。

(9) 测量记录下列参数:从 U 形管压差计 18 读取除尘器压力损失(Δp_G),从水压表 14 读取供水压力(Δp_L),从流量计 13 读取供水量(Q_L),从入口均流管静压测孔连接的倾斜式微压计 17 读取静压($|p_s|$)。

(10) 按烟气含尘浓度的测定实验要求,在除尘器进、出口测定断面 5 和 9 同时进行采样,并记录有关采样数据。

(11) 重复步骤(9)、(10)两次,即连续采样 3 次。

(12) 停止发尘,关闭水泵和风机。

(13) 将采集的尘样放在鼓风干燥箱里烘干,再用天平称重,就可得到采集的尘量。整理好实验用的仪表和设备。整理实验资料并填写实验报告。

五、实验数据记录与处理

表 14-1 文丘里除尘器性能测定记录表

测定日期＿＿＿＿＿＿＿＿＿＿　　测定人员＿＿＿＿＿＿＿＿＿＿＿＿＿＿＿＿

当地大气压力 p/kPa	烟气干球温度/℃	烟气湿球温度/℃	烟气相对湿度 ϕ/%	进口断面面积/m^2	出口断面面积/m^2	喉口面积 A_T/m^2	均流管流量系数 φ_v

测定次数	微压计读数			微压计倾斜角系数 K	静压 $p_s = K \cdot \Delta l_g$/Pa	管内流速 v_1/(m·s^{-1})	风管横截面积 F_1/m^2	处理风量 Q_G/(m^3·h^{-1})	除尘器喉口速度 v_T/(m·s^{-1})	耗水量 Q_L/(m^3·h^{-1})	液气比 L	除尘器压力损失 Δp_G/Pa	除尘器供水压力 Δp_L/Pa	除尘器动力消耗 E/(10^{-3} kW·h·m^{-3})
	初读 l_1/mm	终读 l_2/mm	实际 $\Delta l = l_2 - l_1$/mm											
1														
2														
3														

测定次数	除尘器进口						除尘器出口						除尘器全效率/%
	采样流量/(L·min^{-1})	采样时间/min	采样体积/L	滤筒初质量/g	滤筒总质量/g	粉尘浓度/(mg·L^{-1})	采样流量/(L·min^{-1})	采样时间/min	采样体积/L	滤筒初质量/g	滤筒总质量/g	粉尘浓度/(mg·L^{-1})	
1													
2													
3													

六、实验结果讨论

(1) 为什么文丘里除尘器性能测定实验应该在操作指标 v_T、L 固定的运行状态下进行?

(2) 根据实验结果,试分析影响文丘里除尘器除尘效率的主要因素。

(3) 根据实验结果,试说明降低文丘里除尘器动力消耗的主要途径。

(张承中)

电除尘器除尘效率测定

一、实验意义和目的

　　除尘效率是除尘器的基本技术性能之一。电除尘器除尘效率的测定是了解电除尘器工作状态和运行效果的重要手段。通过实验，要达到以下两个目的：

　　(1) 了解影响电除尘器除尘效率的主要因素，掌握电除尘器除尘效率的测定方法；

　　(2) 巩固关于烟气状态(温度、含湿量及压力)、烟气流速、流量以及烟气含尘浓度等的测定内容。

二、实　验　原　理

　　1. 总除尘效率

　　除尘效率最原始的意义是以所捕集粉尘的质量为基准，但随着环境保护要求的日趋严格和科学技术的发展，现在除尘效率有的以粉尘颗粒的个数为基准进行计算；有的根据光学能见度的光学污染程度，以粉尘颗粒的投影面积为基准进行计算。本实验测定总除尘效率仍以所捕集粉尘的质量占进入除尘器的粉尘的质量分数为基准，即：

$$\eta = 1 - \frac{S_2}{S_1} \tag{15-1}$$

式中：S_1、S_2——除尘器进、出口的粉尘质量流量，g/s；

　　　　　η——电除尘器的总除尘效率。

　　2. 分级除尘效率

　　一般来说，在粉尘密度一定的条件下，尘粒愈大，除尘效率愈高。因此，仅用总除尘效率来描述除尘器的捕集性能是不够的,应给出不同粒径粉尘的除尘效率才更为合理。后者称为分级除尘效率,以 η_i 表示。

若设除尘器进口、出口和捕集的粒径为 $d_{\mathrm{p}i}$ 颗粒的质量流量分别为 S_{1i}、S_{2i} 和 S_{3i},则该除尘器对 $d_{\mathrm{p}i}$ 颗粒的分级效率为:

$$\eta_i = \frac{S_{3i}}{S_{1i}} = 1 - \frac{S_{2i}}{S_{1i}} \qquad (15-2)$$

若分别测出除尘器进口、出口和捕集的粉尘粒径频率分布 g_{1i}、g_{2i} 和 g_{3i} 中任意两组数,则可给出分级效率与总效率之间的关系:

$$\eta_i = \frac{\eta}{\eta + P g_{2i}/g_{3i}} \qquad (15-3)$$

式中:P——总穿透率。

本实验中,按粉尘采样的要求,选择合适的测定位置,采用标准采样管,在电除尘器进、出口同步采样,然后通过称重可求出总除尘效率。将称重后的粉尘样进行粒径分布测定,可求出分级除尘效率。

三、实验装置、仪器和试剂

1. 装置与流程

本实验中使用的装置流程示意图如图 15-1 所示。其中电除尘器本体需自行加工,图 15-2 给出了加工图。高压电源和风机均可到有关厂家选购。图 15-3 给出了高压电源及配套控制柜的外观示意图。

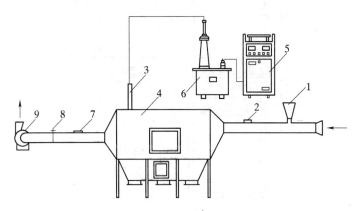

图 15-1 实验装置流程示意图

1. 发尘装置;2. 进口端采样口;3. 高压进线箱;4. 电除尘器本体;5. 高压控制柜;6. 高压电源;7. 出口端采样孔;8. 流量调节阀;9. 引风机

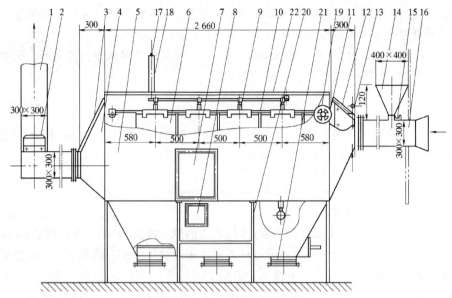

图 15-2　电除尘器本体加工图

1. 出风管道;2. 闸板阀;3. 观察窗 a;4. 出风口喇叭;5. 本体;6. 阳极板;7. 观察窗 b;8. 观察窗 c;
9. 阴极线;10. 阳极吊挂;11. 分布板;12. 观察窗 d;13. 导向板;14. 漏灰斗;15. 调节板;16. 进风管
道;17. 阴极吊挂;18. 绝缘支柱;19. 阳极调距传动;20. 支柱;21. 卸灰闸板;22. 顶盖板观察窗 e

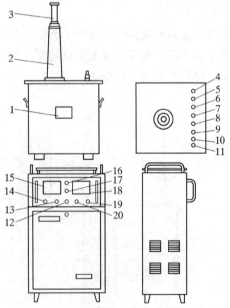

图 15-3　实验用高压电源外观示意图

1. 铭牌;2. 高压套管;3. 阻尼电阻;4. 注油嘴;5、6. 调压输入 a;7. 调压输入 b;8. 电流取样;9. 地线;
10. 电压取样;11. 呼吸口;12. 电源开关;13. 启动按钮兼作电源指示;14. 停止按钮兼作高压指示;15. 二
次电压表;16. 报警指示灯;17. 手动振打按钮;18. 二次电流表;19. 输出调整旋钮;20. 电流限制旋钮

2．仪器设备

（1）烟气状态、流速和含尘浓度测定所需的仪器：见实验四。

（2）库尔特粒度分析仪及其配套设备：1套。

3．粉尘试样

实验中选用的粉尘主要有飞灰、石灰石和烧结机尾粉尘。

四、实验方法和步骤

（1）根据要求调整电除尘器的板间距、线间距。记录放电极和收尘极形式、板间距和线间距。

（2）仔细检查高压电源和进线路等处的接线和接地装置，确认无误后方能通电。

（3）打开高压电源控制柜上的电源开关，按下高压启动按钮，调节输出调整旋钮，如控制柜发生跳闸报警，则关闭电源开关，检查电场内放电极是否短路，穿壁和拉线绝缘体部分是否有积灰或安装不合理处，排除故障后，再试运行。如不能再次开机，则控制柜内部空气开关掉闸，合闸后即可开机。

（4）根据板间距在表15-1中选择合适的二次电压值，调整旋钮至所需的电压值。

（5）启动引风机，通过发生装置向系统加入粉尘，注意应尽量保持发尘量一定。待发尘后几分钟，根据高压电源控制柜的显示值，记录二次电压和二次电流值。

表 15-1　二次电压值的选择表

板间距/mm	300			350			400		
二次电压/kV	50	55	60	60	65	70	70	75	80

（6）测定烟气温度、湿度和压力（方法及步骤详见实验四）。

（7）测定烟气流速，计算流量（方法及步骤详见实验四）。

（8）按照等动力采样的要求在电除尘器进出口处的采样孔同时采样，测定烟气中含尘浓度。其中测点选择方法、采样点控制流量确定方法以及烟气中含尘浓度的测定方法和步骤见实验四。

（9）将步骤（8）中称重后的粉样，利用库尔特仪进行分散度测定（方法及步骤见实验六）。

（10）利用步骤（8）、（9）中测得的数据计算电除尘器总效率及分级效率。

(11) 将高压电源控制柜上的输出调节旋钮调至表15-1中的另两种操作电压,重复步骤(8)～(10),测定不同操作条件下的总除尘效率和分级除尘效率。

(12) 通过流量调节阀将烟气流量增大和减小各一次,重复步骤(8)～(10),测定不同流量下的总除尘效率和分级除尘效率(此时应注意发尘量需相应增减,以保持入口粉尘浓度一定)。

(13) 根据测得的分级除尘效率资料,计算不同粒径粉尘的驱进速度。

(14) 根据以上实验过程获得的数据,绘制操作电压与总除尘效率关系曲线、比集尘面积(板面积/烟气流量)与总除尘效率关系曲线和粉尘驱进速度与分级除尘效率的关系曲线,由此分析操作条件、比集尘面积和驱进速度与效率的关系。

(15) 当各项烟气参数的测定和粉尘采样工作结束后,按下高压电源控制柜上的高压停止按钮,关闭电源开关。

五、实验数据记录与处理

本实验中,关于烟气状态参数(温度、含湿量和压力等)和烟气中含尘浓度测定的数据记录和处理参见实验四。关于总除尘效率和分级除尘效率测定的数据记录和处理分别见表15-2和表15-3。

表 15-2 总除尘效率测定记录表

结　构　参　数	
放电极形式	
收尘极形式	
线间距/mm	
板间距/mm	
烟　气　参　数	
温度/℃	
湿度(以干空气含湿量计)/(g·kg⁻¹)	
压力/Pa	
平均流速/(m·s⁻¹)	
流量/(m³·h⁻¹)	
粉尘种类	

烟　气　参　数

运行条件		二次电压/二次电流		
进口粉样称重/g	滤筒号			
出口粉样称重/g	滤筒号			
总除尘效率/%				

表 15-3　分级效率测定记录表

二次电压_____kV,二次电流_____mA

进口粉尘样总质量/g						
出口粉尘样总质量/g						
粒径/μm						
进口累积分布/%						
出口累积分布/%						
分级除尘效率/%						

六、实验注意事项

（1）实验中要注意人身安全,不要靠近高压电源、高压进线箱等处,以免发生意外。

（2）已通过高压后,在调整放电极间距前,应通过接地棒将放电极上的电荷放掉,以免静电伤人。

（3）经过一段时间实验后,应将放电极、收尘极和灰斗中的粉尘清理干净,以保证前后实验结果的可比性。

七、实验结果讨论

(1) 根据分级除尘效率与总效率的关系,由实测的分级效率计算总除尘效率,并将计算结果与实测的总除尘效率对比分析。

(2) 实验步骤中第(12)步要求发尘量随流量的增减而相应增减,试分析其原因。

(贺克斌 郝吉明)

电除尘器伏安特性测定

一、实验意义和目的

工业电除尘器一般规模较大,内部放电现象不易观察,供电线路和电气仪表的连接不能一目了然。本实验通过模拟电极放电装置的装配、联机和测量,以求了解:

(1) 电除尘器的电极配置、高压供电线路的连接;

(2) 电除尘器伏安特性实验方法;

(3) 电晕放电、火花放电外观形态。

二、实 验 原 理

电除尘器的伏安特性是指极间电压(V)与电晕电流(I)之间的关系,以及开始产生电晕放电的起始电晕电压(V_c)和开始出现火花放电时的火花电压(V_s)。这些特性取决于放电极和集尘极的几何形状与它们之间的距离,气体的温度、压力和化学成分等因素,它们通常由实验测定。

三、实验装置和仪器

1. 模拟放电装置

见图 16-1。

电除尘器按电极配置形式大致可分为板式和管式两种。极板有 Z 形板、C 形板和波形板等,放电极有芒刺线、星形线和光圆线等。本实验采用板式电除尘器的模拟电板装置,并用两块平行金属平板模拟集尘电极,放电极采用直径为

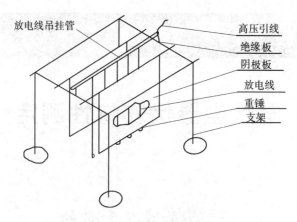

图 16-1　板式电除尘器的模拟电极

1 mm 的光圆线。

　　配合上述放电装置的高压供电设备,要求输出 0～100 kV 的可调直流电压,允许最大电流 10 mA,如采用 CGD 型尘源控制高压电源。它由控制器、高压变压器和高压硅整流器等组成,电路原理如图 16-2 所示。控制器装有调压器、过电流保护环节、电压表、电流表、信号灯和开关等。控制器接受 220 V、50 Hz 交流电压,经调压器输出 0～250 V 可调交流电压。高压变压器将此电压升高,再经硅整流器输出直流高电压。

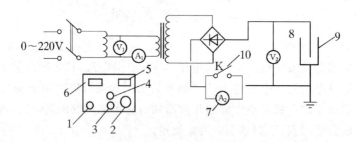

图 16-2　电路原理图

1. 电源开关;2. 调压器手柄;3. 低压指示灯和高压关闭钮;4. 高压指示灯和高压启动按钮;5. 交流电流表;6. 交流电压表;7. 高压电流表;
8. 高压电压表;9. 阳极板;10. 保护开关

2. 实验仪表

(1) 交流电流表:85LI 型(A_1)。

(2) 交流电压表:85LI 型(V_1)。

(3) 直流毫安表:C46-mA 型(或直流微安表 C46-μA 型)(A_2)。

（4）高压电压表：Q4－Ⅴ型静电电压表（V₂）。

四、实验方法和步骤

本实验中，一些部件需加高电压，实验人员要切实注意安全。学生必须严格遵照指导教师的要求操作，人体离高压带电体的距离至少保持在 1.5 m 以上，所有接地线必须牢固连接，高电压供电设备和通高电压的实验装置的外围必须装设安全屏护。

1. 测试板式电除尘器模拟电极的伏安特性

（1）在断电条件下安装、调节放电装置。拉下供电系统最前面的低压供电闸刀，实验人员进入安全屏护内安装、调节平板电极和放电极。可以改变的几何参数有平行平板间的距离和相邻放电极线间的距离。例如，若极板长 1 m，两板间的距离可取 200、300 和 400 mm 等。若选定 3 根放电线，可将平板按横向分成 3 个等长分区，在每个分区中心挂一根放电线。若装 4 根、5 根线时，也按同样原则布置。先选定板间距为 200 mm，挂 3 根放电线。

（2）按照电路原理图连接高压引线、接地线及电压表、电流表等。

（3）实验人员撤到安全屏护外，启动高压供电设备。启动顺序：闭合向控制路供电的 220 V 交流电的闸刀；转动控制器的电源开关到通的位置，低压绿色信号灯亮；将调压器手轮转到零位；按下高压启动电钮，这时高压红色信号灯亮，低压绿色信号灯灭，各个接通高压的部件均已带电。

（4）转动调压器手轮，使电压缓慢升高。当高压电压表读数到 5 kV 左右时，打开保护开关 K，记录电压表 V₂ 和电流表 A₂ 的读数。闭合保护开关 K，继续调高电压。每次升高 5 kV 左右时，记录一组电压表（V₂）和电流表（A₂）的读数。当电极间出现火花放电时，立即停止升压，记录火花电压（Vₛ）。

（5）转动调压器手轮，使电压下降到最低值。按下高压断开电钮，高压变压器的输入即被切断，高压红色信号灯灭，低压绿色信号灯亮。切断控制器的电源，低压绿色信号灯随之熄灭。拉下供电闸刀。

（6）断电后的一段时间内，与高压线相连的各部件仍有残留电荷。手持放电棒的绝缘柄将其金属尖端接触可能有残留电荷的部件，使之放电。

（7）将两平行平板的间距调到 300 mm 和 400 mm，仍挂 3 根电晕线。重复上述步骤，测定这两种几何参数下的伏安特性。

2. 研究当板间距和电压一定时电晕电流与放电线根数的关系

（1）断开电源，板间调到 300 mm，两板中间挂一根电晕线。按照上述方法将高压调到 60 kV，测出电晕电流。关断高压。

(2) 保持板间距 300 mm,依次挂放电线 3 根、5 根、7 根、9 根、11 根,在高压为 60 kV 时,测量对应的电晕电流。

五、实验数据记录与处理

(1) 绘制板间距分别为 200、300、400 mm 时的板-线放电装置的伏安特性曲线。

(2) 绘制板间距和电压固定时电晕电流与放电线根数的关系曲线。前一组曲线宜绘在单对数坐标纸上,电晕电流改变范围大,应取值于按对数划分的轴上。

表 16-1　实验数据记录表

实验时间＿＿＿＿年＿＿＿＿月＿＿＿＿日

实验小组成员＿＿＿＿＿＿＿＿＿＿＿＿＿＿＿＿＿＿＿＿＿＿＿＿

大气压力＿＿＿＿Pa　空气干球温度＿＿＿＿℃　空气湿球温度＿＿＿＿℃

1. 板-线放电装置测定记录

极板长＿＿＿＿m　极板高＿＿＿＿m　放电直径＿＿＿＿mm

板间距＿200＿m　放电线根数＿3＿根

V_2/kV								
I_2/mA								

V_c＿＿＿＿kV　V_s＿＿＿＿kV

板间距＿300＿m　放电线根数＿3＿根

V_2/kV								
I_2/mA								

V_c＿＿＿＿kV　V_s＿＿＿＿kV

板间距＿400＿m　放电线根数＿3＿根

V_2/kV								
I_2/mA								

V_c＿＿＿＿kV　V_s＿＿＿＿kV

2. 板间距和电压固定时电晕电流与放电线根数关系记录

板间距＿300＿m　电压＿＿＿＿kV

放电线数								
I_2/mA								

六、实验结果讨论

（1）电晕放电的电流–电压关系是否符合欧姆定律？

（2）板–线电极配置中，当线距、电压一定时，电流怎样随板距改变？

（3）电晕起始电压与板间距有什么样的关系？

（曾汉侯）

实验十七

油烟净化器性能测定

一、实验意义和目的

随着《饮食业油烟排放标准》的正式颁布和实施,越来越多的饮食业单位已经采用或者将会采用各种类型的油烟净化器,静电型油烟净化器是其中比较有优势的一种。通过本实验,初步了解影响油烟净化器性能的主要因素;掌握测定油含量的红外分光光度法;通过研究油烟净化器的流量与油烟净化效率的关系,了解油烟净化器性能测定的主要内容和方法。

二、实 验 原 理

1. 油烟的采样及分析方法

参用金属滤筒吸收和红外分光光度法测定油烟浓度:用等速采样法抽取油烟排气筒内的气体,将油烟吸附在油烟采集头内;然后,将收集了油烟的采集滤筒置于带盖的聚四氟乙烯套筒中,回实验室后用四氯化碳作溶剂进行超声清洗,移入比色管中定容,用红外分光法测定油烟的含量。

油烟的含量由波数分别为 $2\,930\ \text{cm}^{-1}$（CH_2 基团中 C—H 键的伸缩振动）、$2\,960\ \text{cm}^{-1}$（CH_3 基团中 C—H 键的伸缩振动）和 $3\,030\ \text{cm}^{-1}$（芳香环中 C—H 键的伸缩振动）谱带处的吸光度 A_{2930}、A_{2960} 和 A_{3030} 进行计算。

2. 油烟去除效率

油烟的去除效率指油烟经净化设施处理后,被去除的油烟占净化之前的油烟的质量分数:

$$\eta = 1 - \frac{\rho_{\text{out}} Q_{\text{out}}}{\rho_{\text{in}} Q_{\text{in}}} \tag{17-1}$$

式中：η——油烟去除效率，%；

ρ_{in}——处理前的油烟浓度，mg/m^3；

Q_{in}——处理前的风量，m^3/h；

ρ_{out}——处理后的油烟浓度，mg/m^3；

Q_{out}——处理后的排风量，m^3/h。

三、实验装置、流程和仪器

1. 装置与流程

见图 17-1。

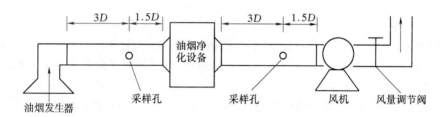

图 17-1 油烟净化实验系统

油烟发生装置采用向加热容器中定量滴加食用植物油和水使其发烟、喷溅和汽化的方法模拟实际烟气组成，连续稳定发生油烟。设备主要包括可调式油水定量投加系统、电加热温控系统两部分。

2. 仪器

(1) 红外分光光度计：带 4 cm 带盖石英比色皿，1 台。

(2) 超声波清洗器：1 台。

(3) 油烟采样器：BN2000 型，1 台。

(4) 金属滤筒：10 个。

(5) 带盖聚四氟乙烯圆柱形套筒(清洗杯)：10 个。

(6) 数字温度计：1 台。

(7) 容量瓶：50 mL 和 25 mL，2 个和 10 个。

(8) 比色管：25 mL，10 个。

3. 试剂

(1) 四氯化碳(CCl_4)：在 2 600～3 300 cm^{-1} 之间扫描，吸光度值不超过 0.03 (4 cm 比色皿)，一般情况下，分析纯四氯化碳经一次蒸馏(控制温度 70～74 ℃)便能满足要求。

（2）高温回流食用花生油（或菜籽油、调和油等）：高温回流油的方法是，在500 mL三颈瓶中加入300 mL的某食用油，插入量程为500 ℃的温度计，先控制温度于120 ℃，敞口加热30 min，然后在其正上方安装一空气冷凝管，加热油温至300 ℃，回流2 h，即得标准油。

（3）普通食用油：作为发生油烟的材料。

四、实验方法和步骤

1. 油烟采样

（1）将一定量的食用油倒入油烟发生器，加热产生油烟，打开风机和静电油烟净化器，稳定运行15 min。

（2）调好BN2000型智能油烟采样仪，先检查系统的气密性，然后加热用于湿度测量的全加热采样管，将采样管推入烟道中的采样点（采样点的选择参见实验四），先测进气，以15～20 L/min的流量抽气，即可测出干湿球温度和湿球负压，从而计算出含湿量。

（3）参照实验四中烟尘的等速采样步骤，利用BN2000型智能油烟采样仪自身配备的毕托管测定烟气动、静压，计算烟气流速和流量，进而确定采样嘴直径和等速采样流量。

（4）安装采样嘴及滤筒，装滤筒时需小心将滤筒直接从聚四氟乙烯套筒中倒入采样头内，特别注意不要污染滤筒表面。

（5）将采样管放入烟道内，封闭采样孔，设置采样时间，开动油烟采样器进行采样。

（6）进气采样完成后，依同样的步骤测定排气的状态，并更换滤筒进行采样。

（7）调整油烟净化器的处理气量，重新对进气和排气的油烟进行采样，如此共在5种不同的处理气量情况下进行采样。

（8）收集了油烟的滤筒应立即转入聚四氟乙烯清洗杯中，盖紧杯盖。样品若不能在24 h内测定，可在冰箱的冷藏室中（<4 ℃）保存7 d。

2. 油烟分析

（1）把采样后的滤筒用重蒸后的四氯化碳溶剂12 mL浸泡在聚四氟乙烯清洗杯中，盖好杯盖，置于超声仪中，超声清洗10 min，把清洗液转移到25 mL比色管中。

（2）在清洗杯中加入6 mL四氯化碳，超声清洗5 min，同样把清洗液转移到上述25 mL比色管中。

（3）用少许四氯化碳清洗滤筒及清洗杯2次，一并转移到上述25 mL比色管中,加入四氯化碳稀释至刻度标线,得到样品溶液。

(4) 红外分光光度法测定:

a. 测定前的预热:测定前先预热红外测定仪 1 h 以上,调节好零点和满刻度,固定某一组校正系数。

b. 系列标准溶液的配置:在精度为十万分之一的天平上准确称取回流好的相应的食用油标准样品 1 g 于 50 mL 容量瓶中,用重蒸后的分析纯 CCl_4 稀释至刻度,得高浓度标准溶液 A;取 A 液 1.00 mL 于 50 mL 容量瓶中用上述纯 CCl_4 稀释至刻度,得标准中间液 B;移取一定量的 B 溶液于 25 mL 容量瓶中,用纯 CCl_4 稀释至刻度配成系列标准溶液(浓度范围 0~60 mg/L)。

c. 标准曲线的绘制:分别将各标准液置于 4 cm 比色皿中,利用红外分光光度计测量 2 930 cm^{-1}、2 960 cm^{-1} 和 3 030 cm^{-1} 谱带处的吸光度,绘制标准曲线。

d. 样品测定:将样品溶液置于 4 cm 比色皿中,利用红外分光光度计测量吸光度,根据标准曲线转换成浓度。

(5) 滤筒的清洗:滤筒在清洗完后,置于通风无尘处晾干以备下次使用,注意保证采样前后均没有其他带油渍的物品污染滤筒。

五、实验数据记录与处理

红外分光光度法测定的油烟浓度是油烟在四氯化碳中的浓度,需要将其换算为实际烟气中的油烟浓度。计算公式为:

表 17-1　静电型油烟净化器测试结果记录表

实验时间_____年___月___日　记录人_____

空气干球温度(t_d)_____℃　　空气湿球温度(t_w)_____℃

空气相对湿度(ϕ)_____%　　空气压力(p)_____kPa

烟气密度(ρ_g)_____kg/m^3

序号	烟气流速 v/(m·s^{-1})	标干烟气流量 Q/(m^3·h^{-1})	进　气			排　气			油烟净化效率 η/%
			采样体积 V_{01}/L	清洗液浓度 ρ_{L1}/(mg·L^{-1})	烟气浓度 ρ_{in}/(mg·m^{-3})	采样体积 V_{02}/L	清洗液浓度 ρ_{L2}/(mg·L^{-1})	烟气浓度 ρ_{out}/(mg·m^{-3})	
1									
2									
3									
4									
5									

$$\rho_0 = \frac{\rho_L V_L}{1\,000\,V_0} \qquad\qquad (17-2)$$

式中:ρ_0——油烟排放浓度,mg/m³;

ρ_L——滤筒清洗液中的油烟浓度,mg/L;

V_L——滤筒清洗液稀释定容体积,mL;

V_0——标准状态下干烟气采样体积,m³。

实验结果记录在表 17-1 中。

六、实验结果讨论

在本实验中,随着烟气流量变化,静电型油烟净化器净化效率将会发生怎样的变化?

（张　楷　马永亮）

活性炭吸附气体中的二氧化硫

一、实验意义和目的

活性炭吸附广泛用于大气污染控制,特别是有毒气体的净化。用吸附法净化低浓度的二氧化硫是一种简便、有效的方法。通过本实验应达到以下目的:

(1) 深入了解吸附法净化有害废气的原理和特点;

(2) 了解用活性炭吸附法净化废气中 SO_2 的效果。

二、实验原理

活性炭由于具有较大的比表面(可达到 $1\ 000\ m^2/g$)和较高的物理吸附性能,能够将气体中的二氧化硫浓集于其表面而分离出来。活性炭吸附二氧化硫的过程是可逆过程:在一定温度和气体压力下达到吸附平衡;而在高温、减压条件下,被吸附的二氧化硫又被解吸出来,使活性炭得到再生。

在工业应用上,活性炭吸附的操作条件依活性炭的种类(特别是吸附细孔的比表面、孔径分布)以及填充高度、装填方法、原气条件不同而异。所以通过实验应该明确吸附净化系统的影响因素较多,操作条件还直接关系到方法的技术经济性。

本实验中 SO_2 的采样分析采用甲醛缓冲溶液吸收 – 盐酸副玫瑰苯胺比色法,详见实验一之环境空气中 SO_2 浓度的测定。

三、实验装置、仪器和试剂

1. 装置与流程

本实验采用一个夹套式 U 形管吸附器,如图 18-1 所示,硬质玻璃制成,直径 15 mm,高度 150 mm,套管外径 25 mm,吸附器内装填活性炭。实验装置及流程如图 18-2 所示。其中取样口为玻璃三通,其中一端外套胶皮塞,用医用注射器可以直接插入取样。

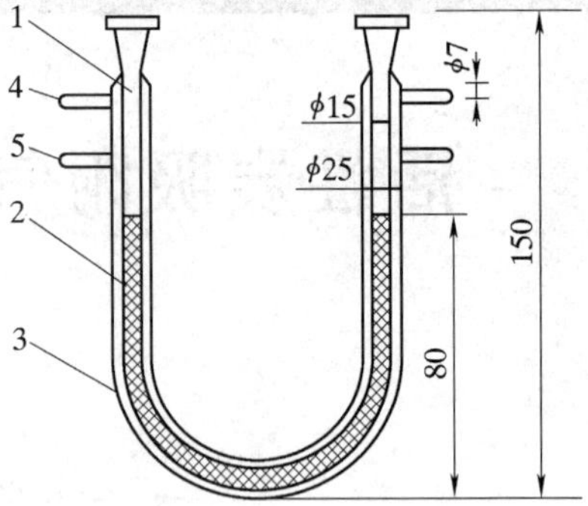

2. 仪器

(1) 吸附器:1 个。

(2) 活性炭:粒径 200 目。

(3) 稳压阀:YJ-0.6 型,1 个。

(4) 蒸汽瓶:体积 5 L,1 只。

(5) 真空泵:1 台。

(6) 加热套:M-106 型,功率 500 W,1 个。

(7) 吸收瓶:见图 18-3,15 个。

(8) 医用注射器:带刻度,容积 5 mL,1 只。

(9) 72 型分光光度计:1 台。

(10) 调压器:TDGC-0.5 型,功率 500 W,1 台。

(11) 空压机:1 台。

图 18-1 吸附器结构简图

1. 吸附器;2. 吸附层;3. 保温夹套;
4. 内管送气口;5. 夹套蒸汽进口

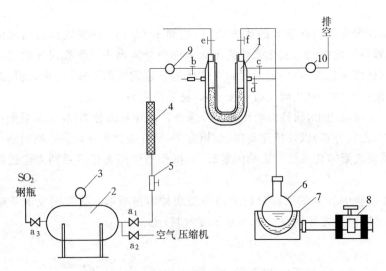

图 18-2 活性炭吸附装置

1. 夹套式 U 形管吸附器;2. 储气罐;3. 真空压力表;4. 转子流量计;5. 稳压阀;
6. 蒸汽瓶;7. 电热套;8. 调压器;9. 进气取样口;10. 出气取样口
a_1, a_2, a_3 —— 针形阀;b,c,d,e,f —— 霍夫曼夹

（12）比色管：10 mL，15 支。

3. 试剂

（1）甲醛吸收液：将已配好的 20 mg/L 的 SO_2 吸收贮备液稀释 100 倍后，供使用。

（2）对品红使用液：将配好的 0.25% 的对品红稀释 5 倍后，配成 0.05% 的对品红，供使用。

（3）1.50 mol/L 的 NaOH 溶液：称 NaOH 6.0 g 溶于 100 mL 容量瓶中，供使用。

（4）0.6% 氨基磺酸钠溶液：称 0.6 g 氨基磺酸钠，加 1.50 mol/L 的 NaOH 溶液 4.0 mL，用水稀释至 100 mL，供使用。

有关试剂的配制方法，请参见实验一。

图 18-3 取样瓶简图

四、实验方法和步骤

实验前根据原气浓度确定合适的装炭量和气体流量，一般预选气体浓度为 2500×10^{-6} 左右，气体流量约 50 L/h，装炭量 10 g。吸附阶段需控制气体流量，保持气流稳定。在气流稳定流动的状态下，定时取净化后的气体样品测其浓度，确定等温操作条件下活性炭吸附二氧化硫的效率和失效时间。实验操作步骤如下：

（1）配气：将阀门 a_1 和 a_2 关闭，打开阀门 a_3，从 SO_2 钢瓶中放入一定量的 SO_2 气体进入储气罐；关闭阀门 a_3，打开阀门 a_2，用空压机将空气注入储气罐，与 SO_2 气体混合，直到罐内气压达到 5 atm①，关闭阀门 a_2。

（2）准备 SO_2 吸收液：将 25 mL 甲醛吸收液注入圆底吸收瓶中，用胶皮塞盖好，并抽成负压，准备 15 个，供使用。

（3）利用注射器抽取原气 2 mL，然后注入吸收瓶中，振荡使气体被充分吸收，共取原气样品 3 个，待测定。

（4）检查管路系统，使阀门 e、f 和 d 关闭，使系统处于吸附状态。

（5）开启阀门 a_1、b 和 c，将转子流量计调至刻度 10，同时记录开始吸附的时间。

（6）运行 10 min 后开始对净化后的气体进行取样，每次取 3 个平行样，每

---

① 1 atm=101.325 kPa

次样品取 10 mL 于吸收瓶中。

(7) 调转子流量计至刻度 20,30,40,稳定运行后分别对净化后的气体取样,同样取 3 个平行样。

(8) 实验停止,关闭阀门 a_1、b 和 c。

(9) 分析样品。

五、样品分析及计算

1. 样品分析

(1) 将待测样品混合均匀,取 10 mL 放入比色管中。

(2) 向试管中加入 0.5 mL 0.6% 的氨基磺酸钠溶液和 0.5 mL 的 1.5 mol/L NaOH 溶液,混合均匀,再加入 1.00 mL 的 0.05% 对品红,混合均匀,2 min 后比色。

(3) 比色用 72 型分光光度计,将波长调至 577 Å[①],将待测样品放入 1 cm 的比色皿中,同时将蒸馏水放入另一个比色皿中作参比,测其吸光度(浓度高时,可用蒸馏水稀释后再比色)。

2. 计算

$$SO_2\ 浓度(\mu g/m^3) = \frac{(A_k - A_0) \times B_s}{V_s} \times \frac{V_1}{V_2} \qquad (18-1)$$

式中:A_k——样品溶液的吸光度;

A_0——试剂空白溶液吸光度;

B_s——校正因子,$B_s = 0.044\ \mu g(SO_2)$;

V_s——换算成参比状态下的气体采样体积,m^3;

V_1——样品溶液总体积,mL;

V_2——分析测定时所取样品溶液体积,mL。

测定浓度时,注意稀释倍数的换算。

六、实验数据记录与处理

(1) 记录实验数据及分析结果,由下式计算活性炭柱的平均净化效率(η):

---

① 1 Å = 10^{-10} m,10 Å = 1 nm

$$\eta = \left(1 - \frac{\rho_2}{\rho_1}\right) \times 100\%\qquad\qquad (18-2)$$

式中：ρ_1——填料塔入口处二氧化硫浓度，$\mu g/m_N^3$；

$\qquad\rho_2$——填料塔出口处二氧化硫浓度，$\mu g/m_N^3$。

表 18-1　实验结果记录表

实验时间/min	气体流量/($L \cdot h^{-1}$)	原气浓度 ρ_1/($\mu g \cdot m^{-3}$)				净化后浓度 ρ_2/($\mu g \cdot m^{-3}$)				净化率 η/%
		1#	2#	3#	平均	1#	2#	3#	平均	

（2）根据实验结果绘出净化效率随气速和吸附操作时间的变化曲线。

七、实验结果讨论

（1）活性炭吸附二氧化硫随时间的增加吸附净化效率逐渐降低，试从吸附原理出发分析活性炭的吸附容量及操作时间。

（2）随吸附温度的变化，吸附量也发生变化，根据等温吸附原理，简单分析温度对吸附效率的影响。

（3）本实验实际采用的空速为多少？通常吸附操作空速为多少？

（周中平）

碱液吸收气体中的二氧化硫

一、实验意义和目的

本实验采用填料吸收塔,用 NaOH 或 Na_2CO_3 溶液吸收 SO_2。通过实验,可初步了解用填料塔吸收净化有害气体的研究方法,同时还有助于加深理解填料塔内气液接触状况及吸收过程的基本原理。通过实验,要达到以下目的:

(1) 了解用吸收法净化废气中 SO_2 的效果;

(2) 改变气流速度,观察填料塔内气液接触状况和液泛现象;

(3) 测定填料吸收塔的吸收效率和压降。

二、实验原理

含 SO_2 的气体可采用吸收法净化。由于 SO_2 在水中的溶解度不高,常采用化学吸收方法。SO_2 的吸收剂种类较多,本实验采用 NaOH 或 Na_2CO_3 溶液作吸收剂,吸收过程发生的主要化学反应为:

$$2NaOH + SO_2 \longrightarrow Na_2SO_3 + H_2O$$
$$Na_2CO_3 + SO_2 \longrightarrow Na_2SO_3 + CO_2$$
$$Na_2SO_3 + SO_2 + H_2O \longrightarrow 2NaHSO_3$$

实验过程中,通过测定填料吸收塔进出口气体中 SO_2 的含量,即可近似计算出吸收塔的平均净化效率,进而了解吸收效果。气体中 SO_2 含量的测定采用甲醛缓冲溶液吸收–盐酸副玫瑰苯胺比色法,详见实验一之环境空气中 SO_2 浓度的测定。

实验中通过测出填料塔进出口气体的全压,即可计算出填料塔的压降;若填料塔的进出口管道直径相等,用 U 形管压差计测出其静压差即可求出压降。

三、实验装置、仪器和试剂

1. 装置与流程

实验装置流程如图 19-1 所示。

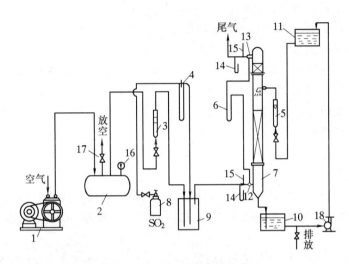

图 19-1 SO₂ 吸收实验装置

1. 空压机；2. 缓冲罐；3. 转子流量计(气)；4. 毛细管流量计；5. 转子流量计(水)；6. 压差计；
7. 填料塔；8. SO₂ 钢瓶；9. 混合缓冲器；10. 受液槽；11. 高位液槽；12、13. 取样口；
14. 压力计；15. 温度计；16. 压力表；17. 放空阀；18. 泵

吸收液从高位液槽通过转子流量计，由填料塔上部经喷淋装置进入塔内，流经填料表面，由塔下部排到受液槽。空气由空压机经缓冲罐后，通过转子流量计进入混合缓冲器，并与 SO₂ 气体相混合，配制成一定浓度的混合气。SO₂ 来自钢瓶，并经毛细管流量计计量后进入混合缓冲器。含 SO₂ 的空气从塔底进气口进入填料塔内，通过填料层后，尾气由塔顶排出。系统设进气和排气两个取样口，为玻璃三通，其中一端外套胶皮塞，用医用注射器可以直接插入取样。

2. 仪器

(1) 空压机：压力 7 kg/cm²，气量 3.6 m³/h，1 台。

(2) 液体 SO₂ 钢瓶：1 瓶。

(3) 填料塔：$D=70$ mm，$H=650$ mm，1 台。

(4) 填料：直径 5～8 mm 瓷杯，若干。

(5) 泵：扬程 3 m，流量 400 L/h，1 台。

(6) 缓冲罐:容积 1 m³,1 个。

(7) 高位液槽:500 mm×400 mm×600 mm,1 个。

(8) 混合缓冲罐:0.5 m³,1 个。

(9) 受液槽:500 mm×400 mm×600 mm,1 个。

(10) 转子流量计(水):10~100 L/h,1 个。

(11) 转子流量计(气):0.1~1 m³/h,1 个。

(12) 毛细管流量计:0.1~0.3 mm,1 个。

(13) U 形管压力计:200 mm,3 只。

(14) 压力表:0~3 kg/cm²,1 只。

(15) 温度计:0~100 ℃,2 支。

(16) 空盒式大气压力计:1 只。

(17) 吸收瓶:见图 18-3,20 个。

(18) 比色管:10 mL,20 个。

(19) 医用注射器:5 mL 具刻度,1 支。

3. 试剂

(1) 甲醛吸收液:将已配好的 20 mg/L 吸收贮备液稀释 100 倍后,供使用。

(2) 对品红使用液:将配好的 0.25% 的对品红稀释 5 倍后,配成 0.05% 的对品红,供使用。

(3) 1.50 mol/L 的 NaOH 溶液:称 NaOH 6.0 g 溶于 100 mL 容量瓶中,供使用。

(4) 0.6% 的氨基磺酸钠溶液:称 0.6 g 氨基磺酸钠,加 1.50 mol/L 的 NaOH 溶液 4.0 mL,用水稀释至 100 mL,供使用。

有关试剂的配制方法请参见实验一。

四、实验方法和步骤

(1) 按图正确连接实验装置,并检查系统是否漏气。关严吸收塔的进气阀,打开缓冲罐上的放空阀,并在高位液槽中注入配置好的 5% 的碱溶液。

(2) 准备 SO₂ 吸收液。将 25 mL 甲醛吸收液注入圆底吸收瓶中,用胶皮塞盖好,并抽成负压,准备 15 个,供使用。

(3) 打开吸收塔的进液阀,并调节液体流量,使液体均匀喷布,并沿填料表面缓慢流下,以充分润湿填料表面,当液体由塔底流出后,将液体流量调至 35 L/h 左右。

(4) 开启空压机,逐渐关小放空阀,并逐渐打开吸收塔的进气阀。调节空气流量,使塔内出现液泛。仔细观察此时的气液接触状况,并记录下液泛时的气速(由空气流量计算)。

（5）逐渐减小气体流量,消除液泛现象。开启 SO_2 气瓶,并调节其流量,使进气中 SO_2 含量为 0.1％～0.5％(体积分数)。调气体流量计到 0.1 m^3/h,稳定运行 5 min,记录填料塔压降。

（6）利用注射器抽取原气 2 mL,然后注入吸收瓶中,振荡使气体被充分吸收,共取原气样品 3 个,待测定。

（7）对净化后的气体进行取样,每次也取 3 个平行样,每次样品取 10 mL 于吸收瓶中。

（8）调整液体流量计到 0.2 m^3/h、0.3 m^3/h 和 0.4 m^3/h,同时调节 SO_2 气瓶流量,使进气中 SO_2 含量仍保持在 0.1％～0.5％(体积分数),稳定运行 5 min后记录压降,对原气和净化后气体分别取 3 个平行样。

（9）作为选做实验,改变吸收液量,重复上述步骤。

（10）实验完毕,先关进气阀,待 2 min 后停止供液。

五、样品分析及计算

1. 样品分析
（1）将待测样品混合均匀,取 10 mL 放入比色管中。

（2）向试管中加入 0.5 mL 0.6％的氨基磺酸钠溶液,与 0.5 mL 1.5 mol/L 的 NaOH 溶液混合均匀,再加入 1.00 mL 的 0.05％对品红混合均匀,20 min 后比色。

（3）比色用 72 型分光光度计,将波长调至 577 Å。将待测样品放入 1 cm 的比色皿中,同时将蒸馏水放入另一个比色皿中作参比,测其吸光度(浓度高时,可用蒸馏水稀释后再比色)。

2. 计算

$$SO_2 \text{ 浓度}(\mu g/m^3) = \frac{(A_k - A_0) \times B_s}{V_s} \times \frac{V_1}{V_2} \qquad (19-1)$$

式中:A_k——样品溶液的吸光度;

A_0——试剂空白溶液吸光度;

B_s——校正因子,$B_s = 0.044$ $\mu g(SO_2)$;

V_s——换算成参比状态下的气体采样体积,m^3;

V_1——样品溶液总体积,mL;

V_2——分析测定时所取样品溶液体积,mL。

测定浓度时,注意稀释倍数的换算。

六、实验数据记录与处理

1. 计算填料塔的平均净化效率

填料塔的平均净化效率(η)可由下式近似求出:

$$\eta = \left(1 - \frac{\rho_2}{\rho_1}\right) \times 100\% \tag{19-2}$$

式中:ρ_1——填料塔入口处二氧化硫浓度,$\mu g/m_N^3$;

$\quad \rho_2$——填料塔出口处二氧化硫浓度,$\mu g/m_N^3$。

2. 计算填料塔的液泛速度

$$v = Q/F \tag{19-3}$$

式中:Q——气体流量,m^3/h;

$\quad F$——填料塔截面积,m^2。

3. 绘出液量与效率的曲线 $Q-\eta$

表 19-1　实验结果记录表

实验时间_____　　　　　实验人员 _____

液泛气速_____ m/s

实验次数	气体流量/$(m^3 \cdot h^{-1})$	吸收液量/$(L \cdot h^{-1})$	原气浓度 ρ_1/$(\mu g \cdot m^{-3})$				净化后浓度 ρ_2/$(\mu g \cdot m^{-3})$				净化率 η/%	压力损失/Pa
			1#	2#	3#	平均	1#	2#	3#	平均		
1 2 3 4 ⋮												

七、实验结果讨论

(1) 从实验结果和绘出的曲线,你可以得出哪些结论?

(2) 通过实验,你有什么体会? 对实验有何改进意见?

(党筱凤)

氧化镁湿法烟气脱硫

一、实验意义和目的

为控制我国严重的酸沉降污染,必须进行烟气脱硫。与常用的石灰石(石灰)湿法脱硫技术相比,镁法脱硫技术具有脱硫效率高、投资少、工艺简单、可回收、避免产生固体废物等特点。镁法烟气脱硫技术可分为氧化镁法和氢氧化镁法,本实验模拟氧化镁法,采用喷淋塔,用 MgO 的浆液吸收 SO_2,通过实验,要达到以下目的:

(1) 初步了解湿法脱硫的工艺和用吸收法净化废气中 SO_2 的效果;

(2) 测定脱硫效率,研究液气比、吸收液 pH 和硫镁比对脱硫效率的影响。

二、实验原理

氧化镁法烟气脱硫的基本原理是用 MgO 的浆液吸收 SO_2,生成亚硫酸镁和硫酸镁。通过添加阻氧化剂或者采用高空气系数,可以控制主要产物为亚硫酸镁或者硫酸镁。前者可以利用流化床分解成氧化镁和二氧化硫,进行二氧化硫的回收,同时循环利用氧化镁;后者可直接回收工业硫酸镁或者生产镁肥($MgSO_4 \cdot 7H_2O$)。过程中发生的主要化学反应如下:

氧化镁浆液的制备:

$$MgO + H_2O \longrightarrow Mg(OH)_2$$

SO_2 的吸收:

$$Mg(OH)_2 + SO_2 \longrightarrow MgSO_3 + H_2O$$

$$MgSO_3 + SO_2 + H_2O \longrightarrow Mg(HSO_3)_2$$

$$Mg(HSO_3)_2 + Mg(OH)_2 + 4H_2O \longrightarrow 2MgSO_3 \cdot 3H_2O$$

氧化：

$$2MgSO_3 + O_2 \longrightarrow 2MgSO_4$$

氧化镁再生：

$$MgSO_3 \longrightarrow MgO + SO_2$$

实验过程中通过测定喷淋吸收塔进出口气体中 SO_2 的含量，即可近似计算出吸收塔的平均净化效率，进而了解吸收效果。气体中 SO_2 含量的测定采用 SO_2 分析仪(也可采用甲醛缓冲溶液吸收-盐酸副玫瑰苯胺比色法，见实验一)。

三、实验装置、仪器和试剂

1. 装置与流程

实验装置流程如图 20-1 所示。在受液槽中预先配制 1% 的氧化镁过饱和浆液(实际的氧化镁脱硫工艺往往采用高于 10% 的浆液，本实验为了调节吸收液 pH 并减少结垢，所以采用较低的固体量)，用泵提升到高位液槽。实验开始后，吸收液从高位液槽通过转子流量计，由喷淋塔上部经喷淋装置进入塔内，与含 SO_2 气体反应后，由塔下部排到受液槽。空气则由空压机经缓冲罐后，通过转子流量计进入混合缓冲器，并与来自钢瓶的 SO_2 气体相混合，配制成一定浓

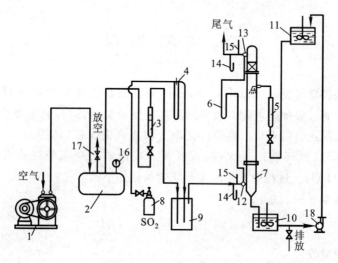

图 20-1 SO_2 吸收实验装置

1. 空压机；2. 缓冲罐；3. 转子流量计(气)；4. 毛细管流量计；5. 转子流量计(水)；
6. 压差计；7. 喷淋塔；8. SO_2 钢瓶；9. 混合缓冲器；10. 受液槽；11. 高位液槽；
12、13. 取样口；14. 压力计；15. 温度计；16. 压力表；17. 放空阀；18. 泵

度(体积分数)的混合气(1000×10^{-6}左右),经毛细管流量计计量后进入混合缓冲器。含 SO_2 的空气从塔底进气口进入喷淋塔内,尾气由塔顶排出。

本实验的气体测量系统主要采用脉冲荧光 SO_2 分析仪(Model 40),该仪器由美国 Thermal Environment 公司制造,仪器量程分为 50×10^{-6}、100×10^{-6}、500×10^{-6}、1000×10^{-6} 和 5000×10^{-6} 五挡,检出限为 1.0×10^{-6}。该仪器没有采样气泵,在实际应用中需要配套使用烟气加热取样稀释调节单元(heated sample gas dilution and conditioning unit,Model 900)。该单元能够实现连续采样,样品气在其中经过温度调节后进行稀释,然后进入 SO_2 分析仪,对 SO_2 进行测定,稀释所需空气由零空气发生器(Model 111)供给。整个系统在使用前需先用 SO_2 标准气体进行标定。在实验前需要预热 1 h 左右。

2. 仪器

(1) SO_2 分析仪:Model 40,1 台。

(2) 空压机:压力 7 kg/cm^2,气量 3.6 m^3/h,1 台。

(3) 液体 SO_2 钢瓶:1 瓶。

(4) 喷淋塔:$D=70$ mm,$H=650$ mm,1 台。

(5) 泵:扬程 3 m,流量 400 L/h,1 台。

(6) 缓冲罐:容积 1 m^3,1 个。

(7) 高位液槽:500 mm×400 mm×600mm,带搅拌器 1 个。

(8) 混合缓冲罐:0.5 m^3,1 个。

(9) 受液槽:500 mm×400 mm×600mm,带搅拌器 1 个。

(10) 转子流量计(水):10～100 L/h,1 个。

(11) 转子流量计(气):0.1～1 m^3/h,1 个。

(12) 毛细管流量计:0.1～0.3 mm,1 个。

(13) U 形管压力计:200 mm,3 只。

(14) 压力表:0～3 kg/cm^2,1 只。

(15) 温度计:0～100 ℃,2 支。

(16) 空盒式大气压力计:1 只。

(17) pH 计(选做实验):1 台。

四、实验方法和步骤

(1) 关严吸收塔的进气阀,打开缓冲罐上的放空阀,并在高位液槽中注入配置好的 MgO 浆液。

(2) 打开吸收塔的进液阀,并调节液体流量,使液体均匀喷布,当液体由塔底流出后,将液体流量调至 35 L/h 左右。

(3) 开启空压机,逐渐关小放空阀,并逐渐打开吸收塔的进气阀。调节空气流量到 0.1 m³/h。开启 SO_2 气瓶,并调节其流量,使进气中 SO_2 含量(体积分数)为 1000×10^{-6} 左右,稳定运行 5 min。

(4) 利用 SO_2 分析仪测定进气和尾气浓度,具体操作参考使用手册。

(5) 调整液体流量计到 0.2 m³/h、0.3 m³/h 和 0.4 m³/h,同时调节 SO_2 钢瓶的气量使进气中 SO_2 含量仍保持 1000×10^{-6} 左右,稳定运行 5 min 后再次测定进气和尾气浓度,计算脱硫效率。

(6) 改变吸收液量,重复上述步骤。

(7) 实验完毕,先关进气阀,待 2 min 后停止供液。

(8) 作为选做实验,固定吸收液量和处理气量,利用硫酸调整吸收浆液的pH,测定不同 pH 条件下的脱硫效率。

五、实验数据记录及计算

表 20-1 实验结果记录表

实验时间＿＿＿＿＿＿＿＿＿＿　　　实验人员＿＿＿＿＿＿＿＿＿＿＿＿＿＿＿

实验次数	气体流量/ (m³·h⁻¹)	吸收液量/ (L·h⁻¹)	液气比(L/Q)	原气浓度/ 10⁻⁶	尾气浓度/ 10⁻⁶	净化率 η/%
1						
2						
3						
4						
⋮						

绘出脱硫效率与气体流量之间的关系曲线 η-Q。

绘出脱硫效率与液气比之间的关系曲线 η-L/Q。

六、实验结果讨论

(1) 从实验结果和绘出的曲线,你可以得出哪些结论?

(2) 通过实验,你有什么体会?对实验有何改进意见?

(段　雷)

炉内喷钙脱硫

一、实验意义和目的

干法喷钙类脱硫工艺具有设备简单、投资低、脱硫费用少、占地面积小、脱硫产物呈干态而易于处理等特点,但是脱硫效率低,因此通常用于低硫煤电厂的脱硫,特别适用于老电厂的脱硫改造。本实验利用沉降炉研究钙硫比、停留时间、反应温度等因素对干法脱硫效率的影响。通过本实验,加深对干法脱硫工艺的了解,初步掌握脱硫效率的实验研究方法,认识影响干法脱硫效率的重要因素。

二、实验原理

喷钙脱硫技术由两步脱硫反应组成。首先,作为固硫剂的石灰石粉料喷入锅炉炉膛,$CaCO_3$ 分解成 CaO 和 CO_2,热解产生的 CaO 与烟气中的 SO_2 反应,脱除一部分硫:

$$CaO + SO_2 + 1/2O_2 \longrightarrow CaSO_4$$
$$CaO + SO_3 \longrightarrow CaSO_4$$

然后,烟气进入锅炉后部的活化反应器(或烟道),通过有组织地喷水增湿,一部分尚未反应的 CaO 转变成具有较高反应活性的 $Ca(OH)_2$,继续与烟气中的 SO_2 反应,从而完成脱硫的全过程:

$$CaO + H_2O \longrightarrow Ca(OH)_2$$
$$Ca(OH)_2 + SO_2 + 1/2O_2 \longrightarrow CaSO_4 + H_2O$$

影响系统脱硫性能的主要因素包括炉膛喷射石灰石的位置、石灰石的粒度、活化器内的喷水量和钙硫比等。

三、实 验 装 置

管式沉降炉实验系统如图 21-1 所示。

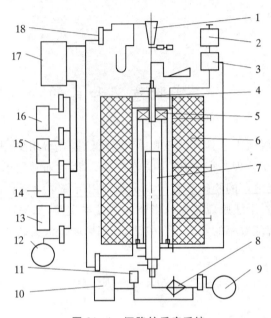

图 21-1 沉降炉反应系统

1. 给粉器；2. 调压器；3. 温控仪；4. 水冷输粉管；5. 调直器；6. 试验炉；
7. 水冷取样枪；8. 气固分离器；9. 真空泵；10. 抽气泵；11. 气体分析仪；12. 空压机；
13. 氮气瓶；14. 氧气瓶；15. CO_2 瓶；16. SO_2 瓶；17. 混合器；18. 流量计

  实验用 SO_2 模拟气体是由压缩空气和钢瓶气混合而成的。SO_2 模拟气体中的氧气含量通过调整压缩空气的流量进行调整，SO_2 浓度水平通过调节纯 SO_2 钢瓶控制，CO_2 气体含量通过调节 CO_2 钢瓶气体控制，最后通过调整 N_2 钢瓶流量进行气体平衡调整。

  温控系统由温控仪和热电偶组合而成。温控仪主要温控部分采用日本 SHIMADEN 公司的 SR73A 型控制器，最高控制温度可达 1 700 ℃。温控仪与两根热电偶配合使用：一根热电偶采用铂铑铂型，固定在炉膛内，作为温控仪的指示温度；另外一根热电偶采用镍铬-镍硅型，插入到水冷枪中检测炉膛内各位置的实际温度。

  对于微量给粉而言，给粉量的控制精度将直接影响到实验结果的精度。保证给粉量精度和物料均匀连续地加入烟气中是提高实验精度的重要保障。本实验采用气力－振动式给粉装置,如图 21-2所示。

在给粉过程中,固硫剂(石灰石粉)装入给粉管,气体从上部吹入,造成粉状脱硫剂上部局部流态化。同时,为了避免物料在给粉管中发生堵塞,振荡给粉管,导致固硫剂从下部细管由给粉气流引出送入反应炉内。改变脱硫剂给粉量,可以通过调节振荡器的输入电压来改变振荡幅度加以实现。由于在固定流化气量的前提下,给粉量和给粉管

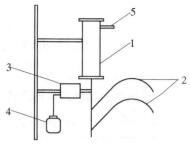

图 21-2　小型给粉器示意图
1. 给粉管;2. 斜管微压计接管;3. 振荡器;
4. 可调变压器;5. 进气管

下部细管的压降成线性关系,在实际操作中可以利用这个关系来控制给粉量。具体方法是:首先,获得给粉量和压降比的实验曲线,利用线性回归拟合关系式;然后,根据需要的给粉量,计算所需的压力降;最后,调节气流大小和振荡器电压就可以调整压力降,进而控制给粉量。

本实验的气体测量系统主要采用脉冲荧光 SO_2 分析仪(Model 40),该仪器由美国 Thermal Environment 公司制造,仪器量程分为 50×10^{-6}、100×10^{-6}、500×10^{-6}、1000×10^{-6} 和 5000×10^{-6} 五挡,检出限为 1.0×10^{-6}。该仪器没有采样气泵,在实际应用中需要配套使用烟气加热取样稀释调节单元(heated sample gas dilution and conditioning unit,Model 900)。该单元能够实现连续采样,样品气在其中经过温度调节后进行稀释,然后进入 SO_2 分析仪,对 SO_2 进行测定,稀释所需空气由零空气发生器(Model 111)供给。整个系统在使用前需先用 SO_2 标准气体进行标定。在实验前需要预热 1 h 左右。

四、实验方法和步骤

本实验采用单因素实验方法,分别研究钙硫比、停留时间和反应温度对脱硫效率的影响。

(1)钙硫比的影响:设定 SO_2 的初始浓度(体积分数)为 1000×10^{-6},反应温度和停留时间分别为 1000 ℃和 2 s,钙硫比分别取 0.5,1.0,1.5,2.0 和 2.5。

(2)停留时间的影响:设定反应温度为 1000 ℃,SO_2 体积分数为 1000×10^{-6},钙硫比为 2,停留时间 0.2~2.0 s。

(3)反应温度的影响:设定 SO_2 体积分数为 1000×10^{-6},钙硫比为 2,停留

时间2 s,温度分别取 700,800,900,1000,1100 和 1200 ℃。

具体步骤请自行设计。

五、实验数据记录与处理

(一) 给粉器的给粉量与压力降之间的关系

表 21-1　压力降与给粉量之间的关系

实验次数	1	2	3	4	5	…
压力降/Pa						
给粉量/(g·h^{-1})						

线性拟合给粉器的给粉量与压力降之间的关系。

(二) 炉内喷钙脱硫效率

1. 钙硫比对脱硫效率的影响

表 21-2　钙硫比对脱硫效率的影响

SO$_2$ 初始浓度:1000×10^{-6}　　　　反应温度:1000 ℃

停留时间:2 s　　　　处理气量:_____ m^3/h

钙硫比	0.5	1.0	1.5	2.0	2.5	…
脱硫剂用量/(g·h^{-1})						
排气浓度/10^{-6}						
η/%						

2. 停留时间对脱硫效率的影响

表 21-3　停留时间对脱硫效率的影响

SO$_2$ 初始浓度:1000×10^{-6}　　　　反应温度:1000 ℃

钙硫比:2

停留时间/s	0.2	0.5	1.0	1.5	2.0	…
处理气量/(m^3·h^{-1})						
脱硫剂用量/(g·h^{-1})						
排气浓度/10^{-6}						
η/%						

3. 反应温度对脱硫效率的影响

表 21-4　反应温度对脱硫效率的影响

SO$_2$ 初始浓度:1 000×10^{-6}　　　　停留时间:2 s

钙硫比:2　　　　　　　　　　　处理气量:＿＿＿ m^3/h

脱硫剂用量:＿＿＿ g/h

反应温度/℃	700	800	900	1 000	1 100	1 200
排气浓度/10^{-6}						
η/%						

六、实验结果讨论

（1）绘制脱硫率随各因素的变化曲线。钙硫比、停留时间和反应温度等因素是如何影响脱硫效率的？

（2）分析脱硫率随温度变化的原因。

（宋　昕　段　雷）

生物质型煤成型实验

一、实验意义和目的

大力发展生物质型煤技术是合理和充分利用低品位煤炭资源和生物质资源的有效途径。型煤中加入生物质制成生物质型煤,能大大提高型煤中挥发分含量,从而降低型煤的着火温度,有效地改善其着火性能。同时,生物质作为一种可再生能源,其利用率也得到很大程度的提高,用它代替化石燃料,可以减少SO_2和CO_2大气污染物的排放,有利于控制酸沉降和全球气候变化。

通过本实验,提高对生物质型煤成型条件的认识,掌握生物质型煤成型的实验方法,了解生物质种类及加入量、煤料粒度和成型压力等因素在干态成型时对生物质型煤强度的影响。此外,学习利用正交实验法进行实验设计。

二、实验原理

1. 生物质型煤成型指标

成型技术是型煤技术的关键环节之一。原煤的种类及粒度,生物质的种类、形态与加入量,水分的加入量,以及成型压力等因素在很大程度上决定着型煤成型的质量。型煤机械性能的度量有多种方法,如抗压强度、转鼓强度、落下强度等,它们既互相关联,又各有侧重。实践证明,在型煤各项机械性能指标中,抗压强度是最直观、最有代表性的指标,因此,本实验把抗压强度作为强度测试指标。

2. 正交实验法

实验设计的方法种类很多,正交实验设计方法是其中较常用的一种。正交实验法是用"正交表"——一种特制的表格来安排和分析多因素问题实验的一种数理统计方法。实验目的通常是弄清众多因素对实验结果(即特征值,如产物率、产品质量等)影响的大小,以寻求最佳的生产或实验条件。这种方法的优点是实验次数少,效果好,方法简单,使用方便,效率高。

最简单的正交表是 $L_4(2^3)$,即 3 个因素(3 列)、每个因素两种水平的实验共需 4 次(4 行),见表 22-1。正交表有两个特点:

表 22-1　正交表 $L_4(2^3)$

列号 实验号	1	2	3
1	1	1	1
2	1	2	2
3	2	1	2
4	2	2	1

(1) 每一列中,每个因素的每个水平出现的次数相同。

(2) 任意两个因素列之间,各种水平搭配出现的有序数列出现的次数相等。

常用的正交表有:$L_4(2^3)$,$L_8(2^7)$,$L_{16}(2^{15})$,$L_{32}(2^{31})$,$\cdots$;$L_9(3^4)$,$L_{18}(3^7)$,$L_{27}(3^{13})$,$\cdots$;$L_{16}(4^5)$;$L_{25}(5^6)$ 等(具体形式请查阅相关文献)。选择正交表的原则应当是:被选用的正交表的因素数与水平数等于或者大于要进行实验考察的因素数与水平数,并且使实验次数最少。

对实验结果(数据)的处理分析,最简单的方法是直观分析法,又称极差分析法。对每一因素,计算各水平的平均结果,进行比较,确定同一因素不同水平对实验指标的影响;最好水平与最坏水平之差,称为极差,比较极差可以确定各因素对实验指标的相对重要性。综合上述结果,在考虑因素单独作用的条件下,可以选择最优的方案。

本实验利用正交实验法综合考察不同的煤料粒度、生物质种类、生物质加入量和成型压力对生物质型煤抗压强度的影响,获得有用的信息,以指导进一步的成型实验。本实验涉及 4 个因素,每个因素计划考察 3 个水平,查阅正交实验表 $L_9(3^4)$ 可安排正交实验,如表 22-2 所示。

表 22-2　成型正交实验设计

实验号	生物质种类		生物质含量		煤料粒度		成型压力	
1	稻草	1	10%	1	<1 mm	1	100 MPa	1
2	稻草	1	15%	2	<2 mm	2	150 MPa	2
3	稻草	1	20%	3	<3 mm	3	200 MPa	3
4	玉米秆	2	10%	1	<2 mm	2	200 MPa	3
5	玉米秆	2	15%	2	<3 mm	3	100 MPa	1
6	玉米秆	2	20%	3	<1 mm	1	150 MPa	2
7	豆秸	3	10%	1	<3 mm	3	150 MPa	2
8	豆秸	3	15%	2	<1 mm	1	200 MPa	3
9	豆秸	3	20%	3	<2 mm	2	100 MPa	1

注:每列左侧是实验参数,右侧是因素的水平数。

三、实验装置、材料和仪器

1. 装置

(1) 螺旋挤压成型机:实验用螺旋挤压成型机为自行设计,由支架、螺旋进动部分和模具三部分构成(如图 22-1 所示),施压范围在 0~200 MPa 之间,基本适于实验条件下型煤、生物质型煤的成型。该机的核心是一个传力螺旋,传力螺旋在设计上采用梯形螺纹以提高传力效果。人工施加在旋转力臂上的力偶矩通过此螺旋转变为螺旋杆的直线运动,施压于模具,生产出具有一定形状和强度的型煤。型煤的形状和大小由模具决定,实验中应用的型煤为扁圆形,单重 7 g 左右。模具的设计如图 22-2 所示。

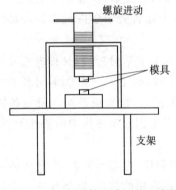

图 22-1 螺旋挤压成形机示意图

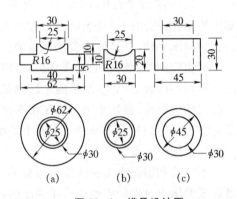

图 22-2 模具设计图

(a) 下模具;(b) 上模具;(c) 套筒

(2) 压力传感器及显示仪表:型煤在加工过程中的成型压力数据通过压力传感器在显示仪表上读取。压力传感器为机械电子工业部长春试验机研究所研制,FRLY-M 型,拉压两用,额定负荷 200 kN。

(3) 型煤强度测量装置:抗压强度通常采用液压机进行检测。而从实验室条件出发,本实验使用简易杠杆装置对型煤的抗压强度进行测量(见图 22-3)。力 F 的施加通过向沙桶中缓慢加入细沙来完成,当受压型煤出现裂隙时,停止加入细沙,称重。根据杠杆原理计算型煤受到的压力。此法虽然粗糙,但可以对抗压强度进行定量比较。

2. 材料

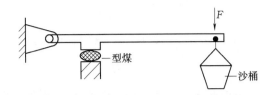

图 22-3　型煤抗压强度简易测量装置

(1) 煤料:大同混煤(这是一种使用面广、成型性能较差的煤种)。

(2) 生物质:稻草、玉米秆和豆秸(经出口筛孔为 3 mm 的饲料粉碎机粉碎)。

(3) 固硫剂:氢氧化钙($Ca(OH)_2$)、碳酸钙($CaCO_3$)和氧化钙(CaO)。

(4) 固硫添加剂:二氧化锰(MnO_2),三氧化二铁(Fe_2O_3),氧化铝(Al_2O_3)。

固硫剂和固硫添加剂均为分析纯化学试剂。

3. 仪器

(1) 筛:1 mm、2 mm、3 mm,各 1 只。

(2) 饲料粉碎机:出口筛孔为 3 mm,1 台。

(3) 烧杯:9 只。

(4) 药匙:1 只。

四、实验方法和步骤

(1) 分别用 1 mm、2 mm 和 3 mm 的筛对自然干燥的煤样进行筛分,各筛得 1000 g 备用。

(2) 称取经出口筛孔为 3 mm 的饲料粉碎机粉碎的稻草、玉米秆和豆秸各 500 g 备用。

(3) 称取粒度小于 1 mm 的煤样 30 g,按照正交实验设计表格中对应的粒度要求装入预先编有号码(实验号)的烧杯中,共称取 3 份,用同样的方法称取粒度小于 2 mm 和粒度小于 3 mm 的煤料,并放入相应的烧杯中。

(4) 按照正交实验表称取生物质分别装入相应的烧杯中,用药勺混合均匀。

(5) 将混合好的 9 种物料分别在螺旋挤压成型机上按照相应的成型压力成型,各压制 3 个型煤,每个型煤质量为 7 g 左右。

(6) 成型后的型煤用强度测量装置测定抗压强度,对同一编号的 3 个型煤的抗压强度结果取平均值,即为该种配比条件下型煤的抗压强度。

五、实验数据记录与处理

每个型煤的抗压强度测定结果填入表22-3,各种配比下3个型煤的平均抗压强度也记入表22-3。然后,按照表22-3的注释进行计算,将结果填入相应的空格。

表22-3 成型正交实验结果表

因素\实验号	1 生物质种类	2 生物质含量	3 煤料粒度	4 成型压力	抗压强度/kg 1	2	3	平均
1	1	1	1	1				
2	1	2	2	2				
3	1	3	3	3				
4	2	1	2	3				
5	2	2	3	1				
6	2	3	1	2				
7	3	1	3	2				
8	3	2	1	3				
9	3	3	2	1				
I								
II					Ⅰ+Ⅱ+Ⅲ=			
III								
I/k_i								
II/k_i								
III/k_i								
R								

注:① Ⅰ=水平1实验结果总和,Ⅱ=水平2实验结果总和,Ⅲ=水平3实验结果总和;② k_i=实验的次数/第 i 个因素的水平数,$i=1,2,3,4$,在本实验中,$k_i=3$;③ R 称为极差,为 Ⅰ/k_i、Ⅱ/k_i、Ⅲ/k_i 中的最大数减去最小数。

对每一因素,比较各自Ⅰ、Ⅱ和Ⅲ的大小:由于抗压强度越大越好,所以数值越大的对应的水平越好。这样可以确定最好的成型参数。另外,极差大的因素意味着该因素的不同水平造成的结果差别大,是重要的因素。相对而言,极差小的因素则是不重要的因素。根据上述原则确定最好的成型参数和其中的重要因素。

分别绘制成型压力与各因素的关系图。

六、实验结果讨论

(1) 根据正交实验结果确定的最好的成型参数是什么？哪些因素是重要因素？

(2) 如果设计单因素实验,该如何选择实验条件？

（魏铁军　徐康富）

生物质型煤燃烧固硫

一、实验意义和目的

型煤固硫是控制 SO_2 污染的一条经济有效的途径。生物质型煤的燃烧固硫过程十分复杂,本实验拟采用管式电炉对型煤燃烧进行模拟,研究固硫剂和固硫添加剂的作用。通过本实验,应达到以下目的:

(1) 初步了解型煤固硫的原理,了解型煤固硫效率的主要影响因素;

(2) 掌握燃烧过程脱硫的实验方法;

(3) 学习利用正交实验法进行实验方案设计。

二、实 验 原 理

型煤的燃烧固硫是指在型煤压制前的散煤中掺入各种固硫剂(如石灰石、生石灰、电石渣、白云石等),搅拌均匀后,进入成型机加工成固硫型煤,而固硫型煤进入炉膛燃烧时,由于固硫剂的作用,煤中的硫以稳定的产物(主要是硫酸盐)保留在灰渣中,从而达到减少向大气中排放 SO_2 的目的。我国目前型煤的固硫率可达 50% 以上,而国外则可高达 80% 以上。型煤固硫的反应比较复杂,可能存在多种途径,主要化学反应如下(以石灰石固硫剂为例):

固硫剂分解:

$$CaCO_3 \longrightarrow CaO + CO_2$$

固硫反应:

$$CaO + SO_2 \longrightarrow CaSO_3$$

$$CaSO_3 + \frac{1}{2}O_2 \longrightarrow CaSO_4$$

固硫产物分解:

$$CaSO_3 + \frac{1}{2}O_2 \longrightarrow CaSO_4$$

影响型煤固硫率的主要因素有固硫剂种类、燃烧温度、钙硫比、固硫剂粒度、生物质含量和固硫添加剂等。其中,固硫添加剂的加入可以加速 CaO 与 SO_2 的气固反应,减少固硫产物的分解,从而提高固硫率。

三、实验装置、仪器和材料

1. 装置与流程

实验装置流程如图 23-1 所示。

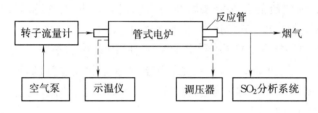

图 23-1 实验装置与流程图

2. 仪器

(1) 管式电炉:在生物质型煤固硫实验研究中,使用内阻为 54 Ω、额定电压为 220 V 的管式电炉。该管式电炉采用耐火陶瓷作为内胆材料,最高温度可达 1150 ℃左右。实验时将一根长于管式电炉的耐高温石英管插入管式电炉中,而型煤样品置于石英管内,使其处于管式电炉的中部。管式电炉的升温速率可由调压器控制。

(2) 温控装置:在石英管和电炉内胆之间插入一根镍铬-镍硅热电偶,测量反应温度。

(3) 二氧化硫分析仪:本实验的气体测量系统主要采用脉冲荧光 SO_2 分析仪(Model 40),该仪器是美国 Thermal Environment 公司制造,仪器量程分为 50×10^{-6}、100×10^{-6}、500×10^{-6}、1000×10^{-6} 和 5000×10^{-6} 五挡,检出限为 1.0×10^{-6}。该仪器没有采样气泵,在实际应用中需要配套使用烟气加热取样稀释调节单元(heated sample gas dilution and conditioning unit,Model 900)。该单元能够实现连续采样,样品气在其中经过温度调节后进行稀释,然后进入 SO_2 分析仪,对 SO_2 进行测定,稀释所需空气由零空气发生器(Model 111)供给。整个系统在使用前需先用 SO_2 标准气体进行标定。在实验前需要预热 1 h 左右。

3. 材料

（1）煤料：山东枣庄煤（含硫量 3.24%，筛分至 2 mm 以下）和山西大同煤（含硫量 0.95%，筛分至 2 mm 以下）。

（2）生物质：稻草（经出口筛孔为 3 mm 的饲料粉碎机粉碎）。

（3）固硫剂：氢氧化钙（$Ca(OH)_2$）、碳酸钙（$CaCO_3$）和氧化钙（CaO）。

（4）固硫添加剂：二氧化锰（MnO_2），三氧化二铁（Fe_2O_3），氧化铝（Al_2O_3）。固硫剂和固硫添加剂均为分析纯化学试剂。

四、实验方法和步骤

（一）实验安排

考虑到各种固硫剂和固硫添加剂的不同组合情况，本实验采用正交实验方法（参见实验二十二）。在实验中，固硫剂选择 $Ca(OH)_2$、$CaCO_3$ 和 CaO 三种，固硫添加剂选择 MnO_2、Al_2O_3 和 Fe_2O_3 三种，固硫添加剂量分为 0.2%、0.4% 和 0.8% 三个水平，见表 23-1。这是 3 因素 3 水平的实验问题，同样选用 $L_9(3^4)$ 型正交表（空闲一列），实验安排见表 23-1。另外，对不加固硫剂和固硫添加剂的型煤样品进行空白实验。

表 23-1　固硫正交实验设计

因素 实验号	固硫剂种类		添加剂种类		添加剂含量	
1	$Ca(OH)_2$	1	MnO_2	1	0.2%	1
2	$Ca(OH)_2$	1	Al_2O_3	2	0.4%	2
3	$Ca(OH)_2$	1	Fe_2O_3	3	0.8%	3
4	$CaCO_3$	2	MnO_2	1	0.4%	2
5	$CaCO_3$	2	Al_2O_3	2	0.8%	3
6	$CaCO_3$	2	Fe_2O_3	3	0.2%	1
7	CaO	3	MnO_2	1	0.8%	3
8	CaO	3	Al_2O_3	2	0.2%	1
9	CaO	3	Fe_2O_3	3	0.4%	2

注：表中固硫添加剂的含量是相对于煤料的质量分数。

本实验的其他条件为：

（1）煤料为山东枣庄煤和山西大同煤的混煤，含硫量为 1.5%，筛分至 2 mm 以下。

（2）生物质为经出口筛孔为 3 mm 的饲料粉碎机粉碎的稻草，加入量为 15%（以煤料计）。

（3）钙硫比为 2:1。

（4）成型压力为 150 MPa。

（二）实验步骤

1. 型煤制备

（1）称取山东枣庄煤 3.122 g 和山西大同煤 9.878 g，装入同一个标有样品号的烧杯中，混合均匀（混煤含硫量 1.5％）。

（2）称取所需的固硫剂和固硫添加剂，装在标有样品号的称量瓶中，混合均匀。

（3）将混合均匀的固硫剂和固硫添加剂倒入盛有煤样的烧杯中，并混合均匀。

（4）称取 1.95 g 稻草，加到上面的样品中，混合均匀。

（5）在螺旋挤压成型机上以 150 MPa 的压力压制成两个型煤备用。

2. 脱硫效率测定

（1）将管式电炉预热至 500 ℃，调节调压器，使电炉保持恒温。

（2）将预先制备的两个型煤样品推入反应管中部，然后迅速将反应管塞紧并通入 5 L/min 的空气，同时将电压调至 220 V。

（3）开启秒表，每 1 min 读取并记录一次脉冲荧光 SO_2 分析仪所显示的烟气中 SO_2 的浓度值和电炉的温度值。

（4）当温度升至 1100 ℃时，调节调压器，使温度保持恒定。

（5）燃烧至 100 min 时停止记录，结束实验。

（6）待电炉冷却后，取出反应管，将灰渣倒入称量瓶中并称重，记录灰渣质量。

五、实验数据记录与处理

对型煤样品进行燃烧实验，利用自己设计的数据记录表格记录每分钟测定的烟气中 SO_2 的浓度值和电炉的温度值，绘制相应的变化曲线。

根据所作的 SO_2 释放曲线图进行近似积分，计算出 100 min 内硫的总排放量。硫的总排放量的计算公式为：

$$S=\left[\sum_{i=0}^{n-1}\frac{1}{2}(\varphi_i+\varphi_{i+1})(t_{i+1}-t_i)\right]QM/V_m \tag{23-1}$$

式中：S——硫的总排放量，g；

φ——SO_2 的排放浓度（体积分数）；

t——燃烧时间（分为 n 个计算区间），min；

Q——空气流量，5 L/min；

M——硫的摩尔质量，32 g/mol；

V_m——20 ℃时空气的摩尔体积，24.0 L/mol。

型煤试样中含有的硫的总量为 $S_t=13\ g\times1.5\%=0.195\ g$，通常固硫率表示为：

$$\eta_s=(S_t-S)\times100\%/S_t \qquad (23-2)$$

但是，由于煤中含有矿物质方解石（主要成分为 $CaCO_3$）和白云石（主要成分为 $CaCO_3\cdot MgCO_3$），燃烧时会在较低温度（600～700 ℃）下发生分解反应，生成 CaO，从而将燃烧产生的一部分 SO_2 固定在灰渣里。也就是说，煤在燃烧过程中，自身有一定的固硫作用。因此，在计算加入固硫剂和添加剂的型煤样品的固硫率时，不应以型煤试样中的总含硫量为基数，而应以空白试样硫的总排放量为基数，计算公式如下：

$$\eta_s=(S_0-S)\times100\%/S_0 \qquad (23-3)$$

式中：S_0——空白试样硫的总排放量，g；

S——加固硫剂的试样的总排硫量，g。

实验测得的各种型煤的固硫率记入表23-2。根据表后的注释进行计算，完成整个表格。分析最佳的型煤配方。

分别绘制固硫率与配比之间的关系图。

表 23-2 固硫正交实验结果表

实验号＼因素	1 固硫剂种类		2 添加剂种类		3 添加剂量		固硫率/%
0	—		—		—		
1	Ca(OH)₂	1	MnO₂	1	0.2%	1	
2	Ca(OH)₂	1	Al₂O₃	2	0.4%	2	
3	Ca(OH)₂	1	Fe₂O₃	3	0.8%	3	
4	CaCO₃	2	MnO₂	1	0.4%	2	
5	CaCO₃	2	Al₂O₃	2	0.8%	3	
6	CaCO₃	2	Fe₂O₃	3	0.2%	1	
7	CaO	3	MnO₂	1	0.8%	3	
8	CaO	3	Al₂O₃	2	0.2%	1	
9	CaO	3	Fe₂O₃	3	0.4%	2	
Ⅰ							Ⅰ＋Ⅱ＋Ⅲ＝
Ⅱ							
Ⅲ							
Ⅰ/k_i							
Ⅱ/k_i							—
Ⅲ/k_i							
R							

注：① Ⅰ＝水平1实验结果总和，Ⅱ＝水平2实验结果总和，Ⅲ＝水平3实验结果总和；② k_i＝实验的次数/第 i 个因素的水平数，$i=1,2,3,4$，在本实验中 $k_i=3$；③ R 称为极差，为 Ⅰ/k_i，Ⅱ/k_i，Ⅲ/k_i 中的最大数减去最小数。

六、实验结果讨论

（1）根据正交实验结果确定固硫率最高的型煤配方是什么？哪些因素是重要因素？

（2）如果设计单因素实验，应如何选择实验条件？

（魏铁军　徐康富）

实验二十四

催化转化法去除氮氧化物

一、实验意义和目的

随着我国汽车保有量的持续增长,国际上排放法规的日趋严格,以及柴油车、稀燃汽油车、替代燃料车等在减排与节能方面的优越性日益受到重视,汽车尾气中的主要污染物氮氧化物(NO_x)在富氧条件下的排放控制变得越来越紧迫,而其中最有效易行的就是发动机外催化转化法——通过在尾气排放管上安装的催化转化器将 NO_x 转化为无害的氮气。

通过本实验的学习,不但可以深入了解该研究领域,而且可加深对课程中催化转化法去除污染物相关章节内容的理解,并掌握相关的实验方法与技能。

二、实验原理

在催化剂的作用下,汽车尾气中的氮氧化物被外加的碳氢化合物还原剂(如丙烯)选择性还原,总的反应方程式为:

$$2C_3H_6 + 2NO + 8O_2 \longrightarrow N_2 + 6CO_2 + 6H_2O$$

但迄今为止,上述反应的机理还不十分清楚。

本实验以钢瓶气为气源,以高纯氮气为平衡气,模拟汽车尾气中一氧化氮(NO)和氧气(O_2)浓度,并设定其流量,在不同温度下,通过测量催化反应器进出口气流中 NO_x 的浓度,评价催化剂对 NO_x 的去除效率。

通过改变气体总流量改变反应的空速(GHSV,气体量与催化剂样品量之比,h^{-1}),通过调节 NO 的进气量改变其入口浓度,通过钢瓶气加入二氧化硫(SO_2),评价催化剂在不同空速、不同 NO 入口浓度及毒剂 SO_2 存在条件下的活性。

三、实验装置、流程和仪器

本实验采用自行设计和加工的汽车尾气后处理实验系统,如图 24-1 所示。利用高压钢瓶气 N_2、NO、O_2、丙烯和 SO_2 模拟汽车尾气,反应器进出口的 NO_x 浓度由氮氧化物分析仪(Thermo Electron,Model 44)测定。

本实验采用的催化剂为负载银的氧化铝(Ag/Al_2O_3),制备方法后述。

四、实验方法和步骤

(一) 催化剂的制备

1. 溶胶-凝胶法

氧化铝载体的制备通常采用溶胶-凝胶(sol-gel)法。

实验药品:异丙醇铝(AIP,相对分子质量为 204.23),65% 浓 HNO_3。

可采取以下两种途径:

途径一

实验装置:恒温加热搅拌器、加热回流装置、恒温灼烧装置、烘箱。

制备过程:

(1) 取异丙醇铝 10 g,用研钵磨成粉末。

(2) 在 300 mL 锥形瓶中加 88 mL 水(物质的量之比 $H_2O/AIP=100$),在恒温水浴中加热至 85 ℃。

(3) 加入异丙醇铝,加热搅拌 40 min。

(4) 取 65% 的浓 HNO_3 0.92 mL 加入到 8 mL H_2O 中,搅拌均匀,把 HNO_3 溶液滴加到混合液中(逐滴),继续在恒温水浴中加热,强烈搅拌 60 min。

(5) 在电热板上蒸发 3 min,加热回流 12 h。

(6) 静放一昼夜,使其老化形成透明胶体,在烘箱里干燥 12 h(110 ℃)。

(7) 在管式炉中灼烧(300 ℃时 12 h,450 ℃、550 ℃、650 ℃、750 ℃、850 ℃时均为 3 h)。

(8) 灼烧后进行研磨,取 60~100 目的颗粒用作分析。

途径二

实验装置:旋转蒸发仪、减压抽滤仪、马弗炉、烘箱。

制备过程:

(1) 取异丙醇铝 40 g(最后可得成品约 10 g),用研钵磨成粉末。

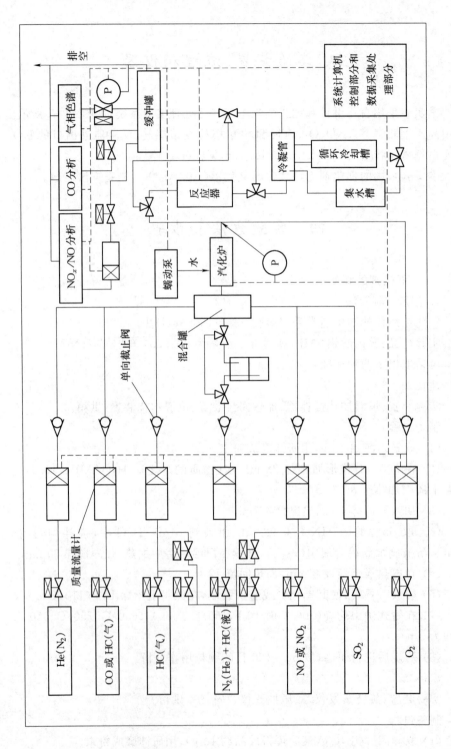

图 24-1 催化净化实验系统

（2）将异丙醇铝溶于约 360 mL 水（物质的量之比 $H_2O/AIP=100$）中，置于旋转蒸发仪上，温度设为 85 ℃，加热旋转 60 min。

（3）取 65% 浓硝酸 3.7 mL 加入到 32 mL 水中，搅拌均匀，加入到 AIP 溶液中，继续加热旋转 60 min。

（4）相同温度下减压蒸发（0.08 MPa）至体积减少为约 150 mL。

（5）静放一昼夜，使其老化形成透明胶体，在烘箱里干燥 12 h（110 ℃）。

（6）在马福炉内焙烧（以 2 ℃/min 的速度升温到 600 ℃，保持 3 h，然后降至室温）。

（7）焙烧后进行研磨，取 60～100 目的颗粒用作分析或进一步的制备。

2. 共沉淀法

共沉淀法也可用于制备氧化铝载体，或者直接制备负载型氧化铝催化剂。以制备 5 g 负载银的氧化铝催化剂为例，制备方法如下：

实验试剂：氨水（25%）、硝酸铝 $[Al(NO_3)_3 \cdot 9H_2O]$、硝酸银（$AgNO_3$，活性组分试剂）。

实验仪器：500 mL 烧杯、玻棒、250 mL 分液漏斗、滴定管（＋小漏斗）、搅拌装置、铁架台、量杯（配氨水溶液）、抽滤器、马福炉、烘箱。

（1）称量对应 5 g 氧化铝的硝酸铝试剂（5 g×375.13×2/101.96＝36.8 g），溶于约 200 mL 去离子水中。

（2）依负载量（氧化铝的 5%）取相应量的活性组分硝酸银溶于上述溶液中。

（3）取 25% 浓度的氨水试剂 30 mL（理论计算为 22.3 mL，取 1.5 倍，并可因活性组分的添加而适当增加），稀释 2.5 倍成 75 mL 10% 氨水备用。

（4）将溶液倒入分液漏斗中，氨水溶液注入滴定管中，在搅拌杆的搅拌下将两种溶液同时缓慢滴下混合，控制混合液的 pH 在 9～10 之间。

（5）将混合液倒入抽滤漏斗中进行抽滤，直至压力表读数降为 0，沉淀成凝滞块状，倒出。

（6）放入烘箱进行干燥。

（7）在马福炉内焙烧后，研磨筛分即得催化剂样品。

3. 浸渍法

负载型氧化铝催化剂还可以利用浸渍法制备，以 sol－gel 法或共沉法制得的样品为载体，不同方法的最佳活性组分负载量是不同的。浸渍法的步骤如下：

（1）依活性组分负载量（氧化铝的 2%）计算并配制相应浓度的活性组分溶液。

（2）依载体量准确取相当体积的上述溶液注入到载体上。

（3）放置、自然风干。

（4）放入烘箱 110 ℃下干燥 12 h。

（5）马福炉内进行焙烧，使其结构稳定。

（二）催化剂活性评价

（1）称取催化剂样品约 500 mg，装填于反应器中。

（2）连接实验系统气路，检查气密性。

（3）调节质量流量计设置各气体流量，使总流量约为 350 mL/min，NO 体积分数约为 $2\,000 \times 10^{-6}$，O_2 约为 5%，C_3H_6 约为 $1\,000 \times 10^{-6}$；设置气路为旁通（气体不经过反应器），测量并记录不经催化转化的 NO_x 浓度，即入口浓度。

（4）切换气路使气体通过反应器，设定反应器温度为 150 ℃。

（5）待温度稳定后测定 NO_x 浓度，待其稳定后记录数值，即为 NO_x 的出口浓度。

（6）将反应器温度升高 50 ℃，重复步骤（5），直至 550 ℃。

（7）关闭气瓶及仪器，关闭系统电源，整理实验室。

（三）空速、NO 入口浓度和 SO_2 对催化效率的影响

在催化剂活性最高的两个温度下：

（1）通过改变总气量改变反应空速，测定催化剂的活性。

（2）通过改变 NO 的流量改变其入口浓度，测定催化剂对 NO_x 的去除效率。

（3）在催化剂活性最高的两个温度下，通入不同浓度的 SO_2，测定催化剂的活性。

五、实验数据记录

参考表 24-1 对每一部分的实验结果进行记录。

表 24-1 实验结果记录表

_____对转化效率影响实验部分

实验日期：		记录人：			
催化剂：		质量/mg：			
气体	N_2	NO	O_2	C_3H_6	SO_2
流量/(mL·min⁻¹)					
体积分数/10^{-6}	—				
空速：					

实验次数	1	2	3	4	...	
考察因素						
出口体积分数/10^{-6}						
转化效率/%						

六、实验结果分析与讨论

（1）作效率–温度、效率–空速、效率–NO 入口浓度和效率–SO_2 浓度的关系曲线。

（2）计算最佳条件下催化剂的活性，对实验条件下的催化剂去除氮氧化物的性能进行评价。

（3）思考催化反应动力学及反应机理，设计实验方案。

（4）实验中有哪些存在的问题及尚需改进的地方？

（崔翔宇）

甲苯的光催化净化

一、实验意义和目的

近年来,光催化技术逐渐在室内空气污染及工业废水净化处理方面得到应用。通过本实验,了解半导体光催化材料的制备及其在紫外光下的反应原理,掌握光催化实验的基本方法,并通过实验计算光催化方法对于甲苯的净化效率,以便更好的评价光催化技术。

二、实验原理

光催化净化技术是近几年来发展较快的一项技术,其原理如图 25-1 所示,主要是利用光催化剂,吸收外界辐射的光能,使其直接转变为化学能。选择光催化剂要考虑成本、化学稳定性、抗光腐蚀能力、光匹配性等多种因素。二氧化钛(TiO_2)在近紫外线区吸光系数大、催化活性高、氧化能力强、光催化作用持久、化学性质稳定、耐磨、硬度高、造价低而且对人体和环境不会造成任何伤害,是应

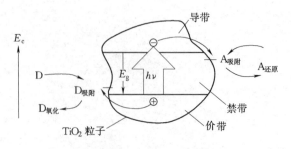

图 25-1　光催化机理图

E_g——禁带宽度;E_c——照射光能量

用最广泛的光催化剂。目前最好的光催化剂是含 70％锐钛矿型和 30％金红石型的晶体粒子的 TiO_2。

半导体光激发带间跃迁和量子效率与金属相比,半导体能带是不连续的,价带(VB)和导带(CB)之间存在一个禁带。用作光催化剂的半导体大多为金属的氧化物和硫化物,一般具有较大的禁带宽度,有时称为宽带隙半导体。当能量大于 TiO_2 禁带宽度的光照射半导体时,光激发电子跃迁到导带,形成导带电子(e^-),同时在价带留下空穴阶(h^+)。由于半导体能带的不连续性,电子和空穴的寿命较长,它们能够在电场作用下或通过扩散的方式运动,与吸附在半导体催化剂粒子表面上的物质发生氧化还原反应,或者被表面晶格缺陷俘获。空穴和电子在催化剂粒子内部或表面也能直接复合。空穴能够同吸附在催化剂粒子表面的 HO 或 H_2O 发生作用生成羟基自由基 HO·。HO·是一种活性很高的粒子,能够无选择地氧化多种有机物并使之矿化,通常被认为是光催化反应体系中主要的氧化剂。

三、实验装置、仪器和试剂

(一) 催化剂活性评价系统

催化剂活性评价系统包括三部分:气体发生部分、催化反应器和气体分析装置。图 25-2 是评价系统示意图。气体发生装置产生含有确定量污染物的气体,由载体气体携带通过流量计,然后与通过流量计的定量空气混合进入光催化反应器中,在紫外灯照射下发生光催化反应,通过气相色谱检测反应器进口和出口的污染物浓度的变化,从而确定光催化反应器的净化效率。

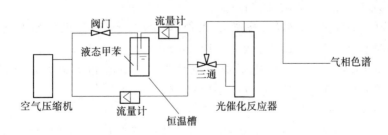

图 25-2 催化剂活性评价系统示意图

1. 气体发生部分

对于气相反应,当然是采用标准气体作为反应物时系统更为稳定。但是常温下甲苯为液态,而且该反应对气体量要求较大,因此采用标准气体造价也较高。在反应过程中利用液态有机物饱和蒸气压的性质生成气体并定量。

大多数挥发性有机物的蒸气压仅仅是温度的函数,一定温度下液体的饱和蒸气压可以从相关的物理化学手册上查到,或者利用一些关联式和经验公式加以计算。Antoine 方程被公认为正确和简捷的方程,是用于关联大量蒸气压数据的最佳方程之一:

$$\lg p_v = A - \frac{B}{C+t}$$

式中:p_v——挥发性有机物的饱和蒸气压,kPa;

t——温度,℃;

A,B,C——常数,可在物化手册上查到。

根据此公式计算可得到某一温度下液态 VOCs 的饱和蒸气压。

本实验利用这一原理,通过设定相应恒温槽的温度,计算出甲苯的饱和蒸气压,得到挥发出的甲苯气体。调节通过甲苯的空气与主路空气的流量比例,就可以获得不同浓度的甲苯气体。用改变空气通过低温恒温槽中去离子水的流量来调节污染气体的相对湿度。

2. 光催化反应器

本实验所用的光催化反应器是自行设计的。反应器材质为不锈钢(1Cr18Ni9Ti)和聚四氟乙烯。反应器主体(不包括两端法兰长度)总长500 mm,内径66 mm,壁厚5 mm。反应器两端为法兰密闭连接,方便放入催化剂和紫外灯管。反应器底部的布气板上均匀分布了直径为 1 mm 的布气孔。用来作为激发光源的紫外灯管置于反应器的中心,两端用聚四氟乙烯做绝缘。将涂覆了二氧化钛薄膜的铝箔卷成筒状沿反应器的内壁放置。发生催化反应期间,反应器内部的温度和压力可以由热电偶和压力表实时显示。

实验中所用的紫外灯有两种:

(1) 15 W 的黑光灯:主要输出波长 265 nm,相应最大输出光强为 2.47 mW/cm²,灯管直径 26 mm,长 400 mm。

(2) 15 W 的灭菌灯:主要输出波长为 254 nm,相应最大输出光强为 9.29 mW/cm²,灯管直径 23 mm,长 400 mm。

3. 气体分析装置

模拟污染气体中甲苯的浓度用配有氢火焰检测器(FID)的气相色谱仪进行分析。将气相色谱测出的甲苯色谱峰面积代入标准曲线方程,就可以求出相应的有机物浓度。

本实验采用日本岛津(SHIMADZU)公司生产的配有氢火焰离子检测器(FID)的 GC-17A 型气相色谱仪分析,并配有相应的 Class-GC10 工作站。色谱柱采用美国 J&W 公司生产的毛细柱(Porapak Q),长 30 m,直径 0.32 mm。实验过程中采用的色谱条件如下:

(1) 色谱柱温度:210℃。

(2) 检测室温度:230℃。

(3) 载气(He)流量:75 mL/min。

(4) 燃气(H_2)流量:60 mL/min。

(5) 助燃气(空气)流量:50 mL/min。

(6) 分流比:1。

(7) 保留时间:6.496 s。

(二) 其他设备

(1) 高精度天平:JA2003 型,上海精科天平。

(2) 恒温磁力搅拌器:85-1 型,江苏荣华仪器制造有限公司。

(3) 电热鼓风干燥箱:101 型,江苏东台市电器制造厂。

(4) 马弗炉:CKW-1100 型,具有自动开始、自动结束、温度数字式设定与程序控制等功能,北京市朝阳自动化仪表厂。

(三) 试剂

在催化剂的制备过程中用到的药品如表 25-1 所列:

表 25-1 催化剂制备过程所需药品一览表

试剂名称	化 学 式	相对分子质量	纯度/%	等级	生产厂家
钛酸四丁酯	$(CH_3(CH_2)_3O)_4Ti$	340.36	≥99	AP	北京化工厂
硝酸	HNO_3	63.01	65~68	AP	北京化工厂
无水乙醇	C_2H_5OH	46.07	≥99.7	AP	北京化工厂
氢氧化钠	$NaOH$	40	≥96	AP	北京化工厂
醋酸锌	$Zn(CH_3COO)_2 \cdot 2H_2O$	219.50	≥99	AP	北京化工厂
聚乙二醇	$HOCH_3(CH_2O)_nCH_2OH$	6 000	≥99.5	AP	Merch 公司
硝酸铟	$In(NO_3)_3 \cdot 4\frac{1}{2}H_2O$	381.92	≥99.5	AP	上海试剂一厂
硝酸银	$AgNO_3$	169.87	≥99.8	AP	北京化工厂
硝酸铁	$Fe(NO_3)_3 \cdot 9H_2O$	404.00	≥98.5	AP	北京化工厂
硝酸锰	$Mn(NO_3)_2$	178.95	49~51	AP	北京化工厂
钨酸铵	$N_5H_{37}W_6O_{24} \cdot H_2O$	1602.7	≥85	CP	上海化学试剂
氯铂酸	$H_2PtCl_6 \cdot 6H_2O$	517.81	≥99.5	AP	上海试剂一厂
四氯化锡	$SnCl_4 \cdot 6H_2O$	350.88	≥99	AP	北京化工厂
去离子水	H_2O	18			实验室自制

四、实验方法和步骤

(一) 催化剂的制备

1. 铝片的预处理

本实验采用金属铝片作为载体材料,铝片的厚度为 0.1 mm,长宽尺寸为 210 mm × 400 mm。使用前先用砂纸将铝片表面打磨,再用 5.0 mol/L 的 NaOH 溶液处理。这样既可除去其表面的三氧化二铝,又可以增加铝片表面的粗糙度,使 TiO_2 更易附着。处理完毕后用去离子水清洗表面,放在烘箱内烘干,冷却后待用。

2. 涂覆溶胶的制备

采用溶胶–凝胶(sol-gel)法,具体制备步骤如下:

(1) 准确量取 40 mL 的钛酸四丁酯,溶于 100 mL 无水乙醇中,充分搅拌混合均匀,再加入 8 mL 乙酰丙酮,继续搅拌。

(2) 在上述溶液中加入 0.8 mL 浓硝酸和 20 mL 去离子水,继续搅拌混合均匀,得到溶液 A。

(3) 准确称量 1.877 g 聚乙二醇(相对分子质量 6 000),将其溶于 100 mL 无水乙醇中,稍微加热并搅拌使其完全溶解,得到溶液 B。

(4) 将溶液 B 缓慢加入溶液 A 中,充分搅拌,使其完全混合。

(5) 得到稳定的涂覆溶胶后,放到暗处陈化 2 h,待用。

以上是制备纯 TiO_2 催化剂的步骤。在 TiO_2 改性修饰实验中,制备掺杂金属或半导体的溶胶溶液时,要按照掺杂金属离子或半导体氧化物的前驱物与 TiO_2 的物质的量之比计算其所需量,并在步骤(3)后将其加入溶液 B 中。如果加入为水溶液或乙醇溶液,可减少同量的去离子水或无水乙醇。

3. 涂覆铝片

将经过预处理并称重的铝片在按步骤 2 配制好的溶胶中浸泡 5 min,再以 10 cm/min 的速度匀速地将铝箔垂直提拉出液面。这样,在铝箔表面会附着一层均匀透明的溶胶膜。将铝片放入马福炉中,在 200℃下焙烧 30 min,重复以上步骤 8 次,直至铝箔表面形成一定厚度的固定相薄膜。在一定范围内,薄膜的厚度随浸涂次数的增加而增加。本实验中铝片共涂覆 8 次。

将涂覆好的铝片放入马福炉中,按 2℃/min 的速度将温度升至 550℃,并在此温度下焙烧 3 h,冷却后得结晶相薄膜。铝片负载的催化剂的质量可以通过涂覆前后铝片的质量差确定。

TiO_2 薄膜催化剂的制备流程见图 25–3。

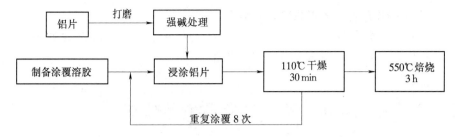

图 25-3　TiO₂ 薄膜催化剂的制备流程图

（二）催化剂活性评价

1. 实验系统稳定性实验

为了证明实验数据的可靠性，在进行活性评价实验之前，首先需要评定反应系统的稳定性：

（1）打开气相色谱和工作站，设置相应的测定条件。

（2）设定恒温槽温度为 6℃，在已洗净晾干的饱和罐中倒入一定量的液态甲苯。

（3）连接系统各部分。

（4）用皂膜流量计校准质量流量计的实际流量。

（5）根据理论计算结果调节各气路的流量，调节 3 路气体的流量来达到实验所需气体的浓度、流量和相对湿度，使甲苯的浓度（体积分数）约为 10×10^{-6}，并使通过反应器的气体总流量为 1 L/min 左右。

（6）反应气体不通过反应器，而是直接由旁通管道经过气相色谱，每 8 min 测定一次甲苯浓度（因为甲苯的出峰时间在 7 min 左右）。

（7）安装紫外灯管，并沿反应器四壁放置涂覆有光催化剂的铝片，插入热电偶，装好反应器。

（8）待旁通气体的浓度和相对湿度都达到实验需要时，转动三向阀，使甲苯气体进入反应器。

（9）每隔一定时间（10 min 左右）测定反应器出口甲苯浓度，直至其基本保持不变，此时系统达到吸附平衡状态。

（10）系统达到平衡后，可开始进行催化剂活性评价反应。

2. 催化剂活性评价

（1）在系统达到吸附稳定后打开紫外灯，同时开始计时。

（2）在 5 min 时转动六通阀进样，记录甲苯峰面积。

（3）之后每隔 8 min 进样一次并记录实验结果。

（4）待所得峰面积基本保持稳定时结束实验，关闭紫外灯以及其他相关设备、气瓶。

（三）操作条件对光催化效率的影响

通过改变紫外灯、处理气量、进气浓度[①]和相对湿度，分别测定这些因素对甲苯净化效率的影响，探索最佳的操作条件。

五、实验数据记录与处理

（一）催化剂活性评价

表 25-2　实验时间对光催化效率的影响

紫外灯波长：254 nm　　　　处理气量：＿＿＿ L/min

甲苯初始浓度：＿＿＿×10^{-6}　　　相对湿度：＿＿＿%

实验时间/min	5	13	21	29	37	…
排气浓度/10^{-6}						
η/%						

（二）光催化效率的影响因素

1. 紫外灯对光催化效率的影响

表 25-3　紫外灯对光催化效率的影响

处理气量：1.0 L/min　　　甲苯初始浓度：10×10^{-6}

相对湿度：40%

紫外灯波长/nm	254	365			
排气浓度/10^{-6}					
η/%					

2. 处理气量对光催化效率的影响

表 25-4　处理气量对光催化效率的影响

紫外灯波长：254 nm　　　甲苯初始浓度：10×10^{-6}

相对湿度：40%

处理气量/(L·min^{-1})	0.6	0.8	1.0	1.2	1.4	…
排气浓度/10^{-6}						
η/%						

---

① 指体积分数。

3. 进气浓度对光催化效率的影响

表 25-5　进气浓度对光催化效率的影响

紫外灯波长:254nm　　　　处理气量:1.0 L/min

相对湿度:40%

甲苯初始浓度/10^{-6}	5.0	10.0	20.0	40.0	60.0	80.0
排气浓度/10^{-6}						
η/%						

4. 相对湿度对光催化效率的影响

表 25-6　相对湿度对光催化效率的影响

紫外灯波长:254 nm　　　　处理气量:1.0 L/min

甲苯初始浓度:10×10^{-6}

相对湿度/%	20	40	60	80	…
排气浓度/10^{-6}					
η/%					

上表中的反应条件均为近似条件,可根据实际情况进行修改。

六、实验结果讨论

(1) 绘制光催化效率随各因素变化的曲线。这些因素是如何影响光催化效率的？最佳的操作条件是什么？

(2) 实验中还可以考虑哪些因素对关催化效率的影响？

(3) 设计正交实验方案。

（傅慧静　朱昕昊　赵　雷）

实验二十六

生物洗涤塔降解挥发性有机物

挥发性有机物(volatile organic compounds,简称 VOCs)是指沸点在 5~260℃之间、室温下饱和蒸气压大于 70 Pa 的有机化合物。它们主要来自有机化工原料的加工和使用过程、有机质的不完全燃烧过程以及汽车尾气的排放。此外,植物也排放大量的 VOCs。VOCs 成分复杂,其对人体健康的影响一直受到重视。此外,VOCs 还可与 NO_x 发生光化学反应,引起光化学污染,并通过吸收红外线引起温室效应。

减少 VOCs 排放的技术基本上可以分成两类:一是以改进技术、更换设备和防止泄漏为主的预防性措施;二是以末端治理为主的控制性措施。传统的 VOCs 控制技术包括燃烧法、吸收法、冷凝法和吸附法等,而生物净化技术是近年来发展起来的新技术。与常规处理法相比,生物净化方法具有设备简单、运行费用低、较少形成二次污染等优点,特别是在处理低浓度、生物可降解的气态污染物时具有很大的优势。

一、实验意义和目的

通过本实验,进一步提高对生物法控制 VOCs 原理的认识,掌握生物法降解 VOCs 处理系统的初步设计方法;熟悉 VOCs 的气相色谱分析方法;以生物洗涤塔去除氯苯为例,了解污染物负荷对降解性能的影响。

二、实验原理

1. VOCs 的生物净化

VOCs 生物净化过程的实质是附着在滤料介质上的微生物在适宜的环境条件下,利用废气中的有机成分作为碳源和能源,维持其生命活动,并将有机物分解为 CO_2 和 H_2O 的过程。气相主体中的 VOCs 首先经历由气相到固/液相的传质过程,然后才在固/液相中被微生物降解。

用来进行气体污染物降解的微生物种类繁多,自生物滤塔运行初期,微生物对有机物有一个适应过程,其种群及数量分布逐步相处理目标有机物的微生物转化。通常情况下,对易降解有机物,大约需驯化 10 d;对于难降解有机物,必须接种相应微生物,才能缩短培养驯化周期,确保生物降解正常运行。

生物法处理 VOCs 的工艺系统有生物洗涤塔、生物滴滤塔和生物过滤塔等。本实验以生物洗涤塔为例,研究污染负荷(处理气体流量和 VOCs 浓度)对降解性能的影响。考虑到实验时间的限制,可将学生分成几组,要求每组学生各完成一种处理气量(不同的进气 VOCs 浓度)的实验测定,并在实验数据整理中将各组数据汇总,得到不同停留时间下的降解效率,进而绘出生物洗涤塔的操作曲线。

2. 比降解速率

比降解速率($-\gamma$)是表征生物洗涤塔降解性能的关键性参数,它直接反映了装置内微生物对有机物的降解能力和有机物的活性,$-\gamma$ 越大,表明微生物对有机物的降解能力越强。公式如下:

$$-\gamma = \frac{Q(\rho_{in} - \rho_{out})}{XV} \qquad (26-1)$$

式中:$-\gamma$——比降解速率,h^{-1};

ρ_{in}——进口质量浓度,mg/m^3;

ρ_{out}——出口质量浓度,mg/m^3;

Q——气体流量,m^3/h;

V——装置内活性污泥的体积,本实验中 $V=4\ L$;

X——污泥挥发性悬浮固体浓度(MLVSS),mg/L。

三、实验装置、流程和仪器

1. 装置与流程

本实验系统流程如图 26-1 所示。洗涤器由内径 100 mm、高 600 mm 的有机玻璃塔组成,塔底有气体分布器,塔中为活性污泥溶液,液体高度为500 mm,有效体积为 4 L。氯苯气体采用吹脱法配制,来自供气系统的压缩空气经气体分布器分为主气流和辅气流,主气流进入氯苯吹脱瓶,将氯苯溶液鼓泡挥发,与辅气流进入气体混合瓶充分混合后,形成氯苯气体,浓度通过调整主气流和辅气流的比例来控制。配好的氯苯气体由气体分布器进入洗涤器,被活性污泥中的

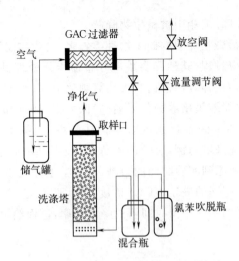

图 26-1 生物洗涤塔降解氯苯工艺流程

微生物降解,进而得到净化。降解前后气体中氯苯的浓度由带火焰离子化检测器(FID)的气相色谱仪进行测定。

系统在室温下运行,气体流量 $Q=0.03\sim0.25$ m³/h,入口氯苯质量浓度低于 500 mg/m³,活性污泥溶液的 pH 通过定期加入 Na_2CO_3 溶液来调整,控制在 $6\sim8$,营养元素通过定期加入营养液来控制。营养液为含有 Na_2HPO_4、NH_4Cl、$FeCl_3$、$MgSO_4$ 和 NaCl 的营养液,控制 $C:N:P=100:5:1$,以维持微生物正常生长和较强的降解能力。

2. 实验仪器

(1) 气相色谱仪:带火焰离子化检测器(FID),1 台。

(2) pH 计:1 台。

(3) 分析天平:1 台。

(4) 干燥箱:1 台。

四、实验方法和步骤

1. 预备实验:污泥驯化

在自然环境下,氯苯属于难生物降解的物质,因此要选择适宜的环境条件,用氯苯对活性污泥进行培养、驯化,使其具有降解的功能。接种石化污水处理厂二沉池中的活性污泥于洗涤器中,加入葡萄糖和 N、P 营养液,控制有机负荷与污泥浓度的比例在 $0.2\sim0.7$ 的范围内,培养 10 d。10 d 后开始驯化,利用氯苯作为碳源,逐步替代葡萄糖,驯化 20 d 左右。此后,加入活性污泥,提高装置中的污泥浓度,40 d 后开始运行生物洗涤器。

2. 氯苯生物降解性能实验

(1) 运行生物洗涤塔,利用流量调节阀调节气体流量,并通过调节主气流和辅气流的比例来控制入口氯苯浓度,使得的实验条件满足:气体浓度在 $50\sim500~mg/m^3$ 范围之内,气体流量为 $0.03\sim0.25~m^3/h$。

(2) 稳定运行半小时后,记录气体流量,测定进出口氯苯质量浓度,气相色谱的具体操作步骤参考使用手册。同时测定活性污泥浓度(MLVSS),采用烘干称重法。

(3) 调节气体流量及分配比例,使其满足(1)中实验条件,测定在一定气体流量下、不同进口氯苯浓度 ρ_0(由低到高选取 6 组)时对应的出口气体氯苯的浓度 ρ。同时测定活性污泥浓度(MLVSS)。

(4) 实验结束后,整理好实验用的仪表、设备。计算、整理实验资料,并填写实验报告。

五、实验数据记录与处理

1. 处理气体流量和停留时间

表 26-1 实验结果记录表

塔径 _____ m   截面积 _____ m²

实验次数	气体流量 Q/ $(m^3 \cdot h^{-1})$	停留时间 τ/s	入口浓度 ρ_0/ $(mg \cdot m^{-3})$	氯苯负荷 W/ $(mg \cdot h^{-1})$	出口浓度 ρ/ $(mg \cdot m^{-3})$	降解效率 η/%	MLVSS/ $(mg \cdot L^{-1})$	比降解速率 $(-\gamma)$/ h^{-1}
1								
2								
3								
4								
5								
6								

2. 绘制降解效率随进气浓度的变化曲线 $\eta - \rho_0$

3. 绘制生物洗涤塔的操作曲线($\eta - \tau - \rho_0$)

前已述及,由于实验时间所限,每组学生实验只能获得一组 $\eta \sim \rho_0$ 数据。因此,需等各组实验全部结束后,取所有数据进行整理,参考图 24-2 绘制生物洗涤塔的操作曲线。

4. 绘制比降解速率随负荷的变化曲线$(-\gamma-W)$

同样基于所有的实验结果。

六、实验结果讨论

(1) 负荷增加,降解效率如何变化?

(2) 根据曲线分析降解效率随停留时间的变化关系。

(3) 根据操作曲线(也可参考图26-2),设计一套处理能力为 1000 m^3/h 的氯苯废气处理系统(氯苯最大入口浓度为 300 mg/L,处理后的浓度不得大于 50 mg/L)。

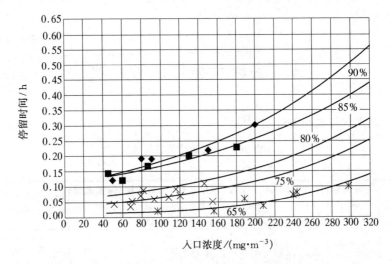

图 26-2 生物洗涤塔的操作曲线

(李国文)

脉冲电晕放电等离子体烟气脱硫脱氮

一、实验意义和目的

脉冲电晕放电烟气治理技术(简称脉冲电晕法)的主要特点是能够同时脱硫脱硝,副产物为硫酸铵、硝酸铵及少量杂质的混合物,可以作为肥料。该技术是具有应用前景的烟气治理技术之一。脱硫脱硝效率是脉冲电晕等离子体烟气脱硫脱硝装置的基本技术性能之一,脱硫脱硝效率的测定是了解装置运行状态和效果的重要手段。通过实验,要达到以下目的:

(1)了解影响装置运行状态和效果的主要因素,掌握装置脱硫脱硝效率的测定方法;

(2)了解脉冲电压电流及功率的测定方法,掌握脱硫脱硝装置烟气成分的分析方法;

(3)巩固关于烟气状态、烟气流速流量及除尘器除尘效率等的测定方法。

二、实 验 原 理

(一)脉冲电晕技术的基本原理

脉冲电晕法一般采用的工艺流程如图 27-1 所示,烟气经过静电除尘后,进入喷雾冷却塔、从塔顶喷射的冷却水在落到塔底部之前完全蒸发汽化,将烟气的温度冷却到接近其饱和温度的温度值(60~70℃),然后烟气进入脉冲电晕反应器,脉冲高压作用于反应器中的放电极,在放电极和接地极之间产生强烈的电晕放电,产生 5~20 eV 高能电子、大量的带电离子、自由基、原子和各种激发态原子、分子等活性物质,如 OH 自由基、O 原子、O_3 等,在有氨注入的情况下,它们将烟气中的 SO_2 和 NO_x 氧化,最终生成硫酸铵和硝酸铵,而硫酸铵和硝酸铵被产物收集器收集,处理后的干净空气经烟囱排放。主要的反应如下:

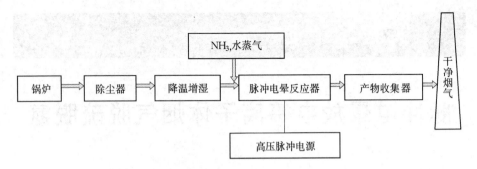

图 27-1　脉冲电晕等离子体烟气脱硫脱硝一般工艺流程

(1) 自由基生成：

$$N_2, O_2, H_2O + e^- \longrightarrow HO\cdot, O\cdot, HO_2\cdot, N\cdot$$

(2) SO_2 氧化并生成 H_2SO_4：

$$SO_2 \xrightarrow{O\cdot} SO_3 \xrightarrow{H_2O} H_2SO_4$$

$$SO_3 \xrightarrow{\cdot OH} HSO_3\cdot \xrightarrow{\cdot OH} H_2SO_4$$

(3) NO_x 氧化并生成硝酸：

$$NO \xrightarrow{O\cdot} NO_2 \xrightarrow{\cdot OH} HNO_3$$

$$NO \xrightarrow{HO_2} NO_2 \xrightarrow{\cdot OH} HNO_3$$

$$NO_2 \xrightarrow{\cdot OH} HNO_3$$

(4) 酸与氨生成硫酸铵和硝酸铵：

$$H_2SO_4 + 2NH_3 \longrightarrow (NH_4)_2SO_4$$

$$HNO_3 + NH_3 \longrightarrow NH_4NO_3$$

其中除尘器可采用一般的静电除尘器,产物收集器也与静电除尘器相似,但由于副产物的粘附性及脱硫脱硝后烟气的湿度较大,温度较低,因此需要在副产物收集器中增加清灰装置(机械清灰、声波清灰等),副产物收集器外部增加保温装置,同时,要求副产物收集器具有良好的防腐性。

(二) 影响脱硫脱硝效率的主要参数

影响脱硫效率($De\text{-}SO_2$,%)的主要参数为脉冲电电压峰值(P,kV)、脉冲重复频率(R,Hz)、脉冲平均功率[$\alpha(P \times R)$,α 为定值,kW]、反应器进口烟气温度(T,℃)、烟气流速(v,m/s)、氨气的化学计量比(F)、反应器进口烟气中 SO_2 体积分数(φ_1,10^{-6})以及烟气相对湿度(RH,%)。在实验中采取单变量的方法研究各因素对脱硫效率的影响,设计方案如表 27-1 所示。

表 27-1　脱硫效率影响因素实验方案

实验分组	v	φ_1	RH	F	T	R	P
1-1	定值	定值	定值	定值	定值	定值	变量
1-2	定值	定值	定值	定值	定值	变量	定值
1-3	定值	定值	定值	定值	变量	定值	定值
1-4	定值	定值	定值	变量	定值	定值	定值
1-5	定值	定值	变量	定值	定值	定值	定值
1-6*	定值	定值	定值	定值	定值	变量	变量

注:* 最后一组实验是在相同平均功率下,研究不同重复频率和峰值电压对脱硫效率的影响。

在本实验中,SO_2 的体积分数调整为 1000×10^{-6},作为学生选做,也可对不同烟气流量和不同 SO_2 浓度进行实验。

影响脱硝效率($De-NO_x$,%)的主要参数为脉冲电电压峰值(P,kV)、脉冲重复频率(R,Hz)、脉冲平均功率($\alpha(P \times R)$,kW)、反应器进口烟气温度(T,℃)、烟气流速(v,m/s)、氨气的化学计量比(F)、反应器进口烟气中 SO_2 体积分数(φ_1,10^{-6})以及反应器进口烟气中 NO_x 体积分数(φ_2,10^{-6})等。脱硝效率影响因素的实验设计方案如表 27-2 所示。

表 27-2　脱硝效率影响因素实验方案

实验分组	v	RH	φ_1	F	T	R	P
2-1	定值	定值	定值	定值	定值	定值	变量
2-2	定值	定值	定值	定值	定值	变量	定值
2-3	定值	定值	定值	定值	变量	定值	定值
2-4	定值	定值	定值	变量	定值	定值	定值
2-5	定值	变量	变量	定值	定值	定值	定值
2-6*	定值	定值	定值	定值	定值	变量	变量

注:* 最后一组实验是在相同平均功率下,研究不同重复频率和峰值电压对脱硫效率的影响。

其中相对湿度取 80%,NO 体积分数 100×10^{-6}。

三、实验装置和仪器

(一) 实验系统

处理量 $12000 \sim 20000$ m$_N^3$/h 工业实验装置平面布置如图 27-2 所示。

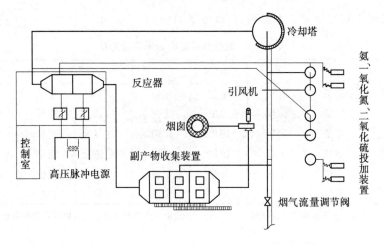

图 27-2　脉冲电晕等离子体烟气脱硫实验装置图

1. 脉冲电晕反应器

根据研究结果及工艺要求,反器应设计为线-板结构,由两组放电室组成,每组尺寸 3000 mm×2600 mm×2400 mm,分别用两组脉冲电源供电;极板和电晕线采用不锈钢,外加保温层,反应器内部设计有振打装置及卸灰装置;为了提高脱硫效率,反应器还设计了活化水、活化氨装置及不同位置加氨装置,结构如图 27-3 所示。反应器主要技术指标:

烟气处理量:12 000~20 000 m³/h

运行温度:65~80℃

烟气停留时间:8 s

总体积:37.44 m³

同极间距:260 mm

极板面积:357.6 m²

静态电容:～10 nF×2

烟气在反应器内的处理过程:预处理后的烟气在反应器的入口加入氨气,通过气流分布板后,气体被混合均匀,喷入活化水蒸气,进入高压脉冲电场,在一、二高压脉冲电场之间加入活化氨,再进入第二个电场进行充分反应,处理后的烟气经过分布板进入反应器出口的工艺管道,最后被送入在反应器后的副产物收集器。

2. 高压脉冲电源

高压脉冲电源采用新研制的 BPFN 脉冲电源,该电源的电路拓扑如图 27-4 所示。

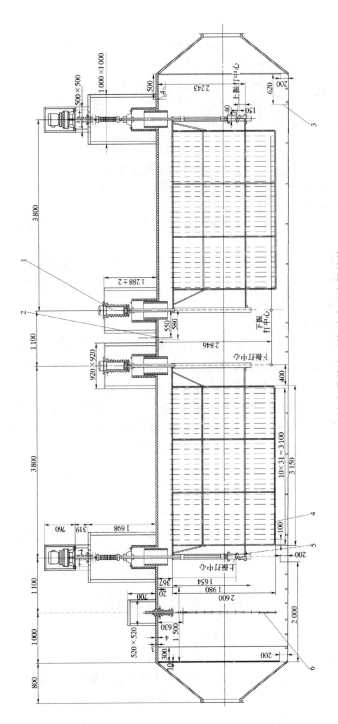

图 27-3 脉冲电晕等离子体脱硫反应器结构

1. 电源界面；2. 活化氨入口；3. 挡篷；4. 放电电极；5. 放电电极振打；6. 活化水蒸气

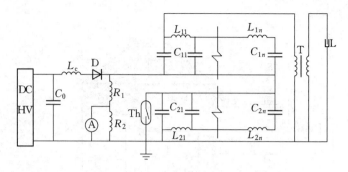

图 27−4　BPFN 型脉冲电源电路原理图

DCHV. 直流电源(13 kV)；C_0. 储能电容(10 μF)；R_1、R_2. 测量电阻；A. 测量微安表；
L_c. 充电电感；D. 高压硅堆；Th. 氢闸流管；$L_{11} \sim L_{1n}$、$C_{11} \sim C_{1n}$. 组成 PFN1 的电感和电容；
$L_{21} \sim L_{2n}$、$C_{21} \sim C_{2n}$. 组成 PFN2 的电感和电容；T. 脉冲变压器(1:5)；L. 反应器负载

该电源的设计最大输出功率 200 kW，最高电压 150 kV，最大电流 4 kA，脉冲宽度 600～700 ns，最大重复频率 700 Hz。该脉冲电源为新研制的脉冲电源，连接到反应器的第一个电场。

（二）烟气在线监测系统

烟气取样点分别设置在冷却塔前(入口)和副产物收集器后(出口)的平直管上，分析室建在冷却塔与风机间的空地上，取样管线将烟引入分析室内的仪器进行分析，数据传送至中央控制室记录、处理。

入口 NO、SO_2 浓度监测采用 SIEMENS Ultramat 22 红外吸收仪，精度 ±1%；出口 NO、SO_2 浓度监测采用 SIEMENS Ultramat 23 红外吸收仪，精度 ±1%；出口 O_2 浓度监测采用 SIEMENS Oxygen 6 顺磁式监测仪，精度 ±1%；出口氨浓度监测采用 SIEMENS Ultramat 6 红外吸收仪，精度 ±1%；出口和入口粉尘浓度采用了两台 JYZ−1 型烟气浊度在线监测仪，精度 ±2%。

（三）其他仪器设备

本实验仪器还包括烟气状态(温度、含湿度量及压力)、烟气流速及流量的测定以及兆欧表、快速采样示波器、高压探头等电参数测量工具。

四、实验方法和步骤

1. 预备实验

（1）工艺管道的调试，包括烟气管道、氨气管道、水蒸气管道及二氧化硫调节管道等的调试实验。

（2）把电源和反应器调试到最佳状态，为下一步实验提供可靠的技术后勤

保障。

(3) 观察电晕放电的特性。

2. 参数实验

(1) 根据要求调整电除尘器的极板距、线间距,脱开脉冲电源和反应器的连接,用兆欧表检查反应器的绝缘状况,记录放电电极和平板电极的尺寸、形式、间距等详细参数。

(2) 恢复脉冲电源和反应器的连接,并连接好示波器、高压探头等测量仪器,注意示波器采用隔离变压器供电,准备好调整示波器使用的绝缘手套。

(3) 启动风机,测试基本烟气参数,包括烟气流量、温度、湿度。

(4) 进行烟气参数的调整。

五、实验数据记录与处理

1. 电压峰值(P)对 SO_2、NO_x 脱除率的影响

表 27-3　峰值电压对 SO_2、NO_x 脱除率的影响

烟气流量:16 000 m_N^3/h　　　　烟气温度:60±5℃
NH_3 化学计量比:1.0　　　　烟气相对湿度:80%
重复频率:400 Hz

峰值电压/kV	90	100	110	115	120	125
De-SO_2/%						
De-NO_x/%						

2. 重复频率(R)对 SO_2、NO_x 脱除率的影响

表 27-4　重复频率对 SO_2、NO_x 脱除率的影响

烟气流量:16 000 m_N^3/h　　　　烟气温度:60±5℃
NH_3 化学计量比:1.0　　　　烟气相对湿度:80%
电压峰值:120 kV

重复频率/Hz	100	200	300	400	500	600
De-SO_2/%						
De-NO_x/%						

3. 烟气温度(T)对 SO_2、NO_x 脱除率的影响

表 27-5　烟气温度对 SO_2、NO_x 脱除率的影响

烟气流量:6 000 m_N^3/h　　　相对湿度:80%

NH_3 化学计量比:1.0　　　电压峰值:120 kV

重复频率:400 Hz

T/℃	50	60	70	80	90
De-SO_2/%					
De-NO_x/%					

4. NH_3 的化学计量比(F)对 SO_2、NO_x 脱除率的影响

表 27-6　NH_3 的化学计量比对 SO_2、NO_x 脱除率的影响

烟气流量:16 000 m_N^3/h　　　烟气温度:60±5℃

相对湿度:80%　　　电压峰值:120 kV

重复频率:400 Hz

$F(NH_3)$	0.6	0.7	0.8	1.0	1.1
De-SO_2/%					
De-NO_x/%					

5. 烟气相对湿度(RH)对 SO_2、NO_x 脱除率的影响

表 27-7　烟气相对湿度对 SO_2、NO_x 脱除率的影响

烟气流量:12 000 m_N^3/h　　　烟气温度:60±5℃

NH_3 化学计量比:1.0　　　电压峰值:120 kV

重复频率:400 Hz

RH/%	50	60	70	80	90
De-SO_2/%					
De-NO_x/%					

6. 相同脉冲平均功率下($P×R$),不同重复频率和峰值电压对 SO_2、NO_x 脱除率的影响

表 27-8　重复频率和峰值电压对 SO_2、NO_x 脱除率的影响

烟气流量:16 000 m_N^3/h　　　烟气温度:60±5℃

NH_3 化学计量比:1.0　　　相对湿度:80%

$P×R$	120×100	100×120	110×109	130×92	140×86
De-SO_2/%					
De-NO_x/%					

7. 不同 SO_2 浓度对 NO_x 脱除率的影响

表 27-9 SO_2 浓度对 NO_x 脱除率的影响

烟气流量:12 000 m_N^3/h 烟气温度:60±5℃

相对湿度:80%   电压峰值:120 kV

重复频率:400 Hz

$\varphi_1/10^{-6}$	500	1 000	1 500	2 000	2 500
De-SO_2/% De-NO_x/%					

六、实验结果讨论

(1) 从实验结果可以得出哪些结论?

(2) 实验中还可以考虑哪些影响脱硫脱氮效率的因素?

(3) 设计正交实验。

(赵君科)

郑 重 声 明